Sitzungsberichte
der Akademie der Wissenschaften
der DDR
Mathematik – Naturwissenschaften – Technik

18N
1978

Festkolloquium

20 Jahre Zentralinstitut für physikalische Chemie

AKADEMIE-VERLAG · BERLIN

Sitzungsberichte
der Akademie der Wissenschaften der DDR
Mathematik—Naturwissenschaften—Technik Jahrgang 1978 · Nr. 18/N

Festkolloquium

20 Jahre Zentralinstitut für physikalische Chemie

AKADEMIE-VERLAG · BERLIN
1978

Die Vorträge wurden gehalten auf dem Festkolloquium des Zentralinstituts für physikalische Chemie anläßlich seines 20jährigen Bestehens am 12. Oktober 1977

Herausgegeben im Auftrage des Präsidenten der Akademie der Wissenschaften der DDR von Vizepräsident Prof. Dr. Heinrich Scheel

Erschienen im Akademie-Verlag, 108 Berlin, Leipziger Straße 3—4

Lizenznummer: 202 · 100/171/78
Gesamtherstellung: VEB Druckhaus Köthen
Bestellnummer: 762 704 6 (2010/78/18/N) · LSV 1215
Printed in GDR
DDR 8,50 M

Inhalt

Wolfgang Schirmer

Festrede anläßlich der Feier zum 20jährigen Bestehen des Zentralinstituts für physikalische Chemie am 12. Oktober 1977

Im Vergleich zu dem nach Jahrhunderten zählenden Alter unserer traditionsreichen Universitäten und Hochschulen dürfte das 20jährige Bestehen unseres Zentralinstituts für physikalische Chemie kaum ins Gewicht fallen. Dennoch wollen wir heute in feierlichem Rahmen Rechenschaft über die zwei Jahrzehnte unserer Tätigkeit ablegen, nicht als vorwiegend historisch gestalteten Rückblick, sondern als Analyse des bisher Geleisteten und als Aufgabenstellung für die Zukunft, als Rechenschaft über die Erfüllung unseres gesellschaftlichen Auftrages. In den zurückliegenden zwei Jahrzehnten haben sich in der Wissenschaft gewaltige Entwicklungen vollzogen:
1957 stiegt der erste künstliche Erdsatellit, ein „Sputnik" sowjetischer Produktion, auf — heute gehört die Erforschung des erdnahen Weltraumes fast schon zur wissenschaftlichen Routine.
1957 begann die zielgerichtete und umfassende Nutzung des Halbleitereffektes in der Technik. Heute sind wir auf dem Weg der Miniaturisierung und Mikrotechnik sehr weit vorangeschritten.
1957 bestanden die ersten automatisierten Chemieanlagen die Feuerprobe — heute gehört die Steuerung chemischer Produktionsverfahren durch Prozeßrechner zum Stand der Technik der Welt.
Die Wissenschaft und ihre Anwendung in der gesellschaftlichen Praxis haben in diesen 20 Jahren also gewaltige Fortschritte gemacht, so wie wir als Volk den Aufbau der sozialistischen Gesellschaft in unserem Staat in diesem Zeitraum vollendeten und damit die Voraussetzungen für eine noch wirksamere Verbindung zwischen Wissenschaft und Produktion für die Zukunft schufen.

Haben wir als Institut mit dieser Entwicklung Schritt gehalten — haben wir als Wissenschaftler unseren Auftrag, wissenschaftliche Ergebnisse von hohem Niveau und großer Bedeutung für die Praxis hervorzubringen, erfüllt?

Diese Fragen kann man nur beantworten, wenn man einige grundsätzliche Bemerkungen über unser Wissenschaftsgebiet voranstellt.

Gewöhnlich pflegen wir als Gegenstand unseres Wissenschaftsgebietes die Untersuchung chemischer Probleme mit physikalischen Methoden, die Wechselwirkungen bei gleichzeitiger Stoff- und Energieumwandlung zu bezeichnen. Das schließt die Berücksichtigung chemischer Probleme bei der Untersuchung physikalischer

Fragen wie des Materialaufbaus und der Struktur der Stoffe ein. 1902 sah van 't Hoff, einer der Begründer der physikalischen Chemie, das so: „Die jüngste Entwicklung der physikalischen Chemie ist durch die Feststellung von umfassenden Prinzipien charakterisiert, welche die ganze Grundlage der Chemie befruchten und woraus sich ein guter Teil der Chemie künftiger Jahre entwickeln kann!"

Diese Worte waren eine gute Prognose, das erkennen wir heute, 75 Jahre nach dem Ausspruch, mit aller Deutlichkeit.

In diesen Tagen besteht die Zeitschrift für physikalische Chemie 90 Jahre. So lange ist es her, daß wir auch die physikalische Chemie als wissenschaftliche Disziplin kennen. Trotz starker Differenzierungstendenzen konnte die physikalische Chemie innerhalb der gesamten Chemie ihre Stellung ausbauen. Ihre wissenschaftlichen Grundlagen, die chemische Thermodynamik und die chemische Reaktionskinetik, die Phasenlehre und die molekülphysikalischen Methoden sind gemeinsam mit der Atomistik und der Quantenchemie für die Charakterisierung aller stofflichen Systeme und Umwandlungen von so allgemeiner Bedeutung, daß kein Teilgebiet der Chemie, daß weder die Werkstoffwissenschaften noch die Biologie und die chemische Verfahrenstechnik ohne Erkenntnisse der physikalischen Chemie auskommen können.

Die wesentlichen Entwicklungsrichtungen der physikalischen Chemie seien nachstehend genannt.

1. Sie übertrug die Modellvorstellungen des idealen Gases, der idealen Flüssigkeit und des idealen Festkörpers durch Verallgemeinerung chemischer Erkenntnisse und durch zielgerichteten Einsatz physikalischer Meßmethoden auf die Beschreibung und Charakterisierung realer Systeme und ebnete damit aktuellen Forschungsgebieten den Weg.

2. Sie lenkte die Aufmerksamkeit der Forscher auf die besonderen Eigenschaften von Phasengrenzen und regte an, die hier ablaufenden Austausch- und Reaktionsvorgänge zu untersuchen und technisch zu nutzen.

3. Sie schuf die Voraussetzungen zur experimentellen Gewinnung von Struktur-Eigenschaftsbeziehungen in stofflichen Systemen aller Art. Das trägt sowohl zur Vertiefung unseres Wissens vom Aufbau und der Wirkung von Stoffen als auch zur theoretisch möglichen Vorhersage von Stoffeigenschaften allein durch Kenntnis der Strukturdaten bei. Die physikalische Chemie hat damit einen wesentlichen Anteil an der Entwicklung verallgemeinerungsfähiger chemischer Gesetzmäßigkeiten von hohem Abstraktionsgrad.

4. Sie ebnete als unentbehrlicher Vermittler zwischen Stoffeigenschaften und atomaren Parametern der Theorie in Form der Quantenchemie den Weg.

5. Sie trug gleichzeitig dazu bei, naturwissenschaftliche Grundlagen für technische Prozesse zu schaffen und damit die wissenschaftlichen Grundlagen der chemischen Technologie zu stärken und Voraussetzungen für die Modellierung, Maßstabsübertragung und Optimierung chemisch-technischer Vorgänge zu schaffen.

So lieferte die physikalische Chemie das theoretische Fundament für die Chemie.

Alle Teilgebiete wie die organische, anorganische, analytische Chemie und die Polymerenchemie werden durch sie wissenschaftlich verflochten.

Am 5. Dezember 1956 kehrte Professor THIESSEN nach zehnjärigem Aufenthalt aus der UdSSR zurück.

Im Januar des Jahres 1957 wurde unter seiner Leitung die experimentelle Arbeit mit drei Wissenschaftlern und wenigen technischen Mitarbeitern in der Schnellerstraße 141 aufgenommen. Lieber Herr THIESSEN, ich heiße Sie heute besonders herzlich willkommen.

Da das methodische Fundament der physikalischen Chemie einheitlich ist, hat sie es bisher in Forschung und Lehrev erstanden, ihre Einheit zu bewahren. Es ist und bleibt seit nunmehr neun Jahrzehnten aktuell, physikalische Chemie zu betreiben!

Diese Gedanken sprechen auch aus der Konzeption, die der Gründung unseres Instituts zugrunde lag. Im September 1956 verhandelten Herr Professor RIENÄCKER und Herr WELSER als Vertreter der damaligen Deutschen Akademie der Wissenschaften mit dem Begründer und geistigen Vater unseres Instituts, Herrn Professor P. A. THIESSEN, damals noch in Moskau, über die wissenschaftliche Konzeption des in Aussicht genommenen Instituts. Herrn Professor THIESSENS Konzeption sah schon damals für das Institut folgende fünf Gebiete vor:

— chemische Thermodynamik
— chemische Kinetik
— physikalische Chemie der Grenzflächenvorgänge, Kolloidchemie
— physikalisch-chemische Grundlagen der Verfahrenstechnik
— Quantenchemie.

Auch mit unseren heutigen Erfahrungen und volkswirtschaftlichen Aufgaben kann man dieses wissenschaftliche Profil nur als hochaktuell bezeichnen. Auf keines der genannten Gebiete könnten wir heute verzichten, auf keines haben wir im Laufe der 20jährigen Entwicklung verzichtet. Damit erreichten wir in den wesentlichsten Teilen unserer wissenschaftlichen Aufgaben eine große Kontinuität, die den Ergebnissen unserer Arbeit zugutegekommen ist.

Bei der wissenschaftlichen Entwicklung stellten wir uns stets die Frage, wann diese Stabilität etwa in konservatives Beharren auf veralteten Positionen von geringer wissenschaftlicher Ergiebigkeit umschlagen könnte, wann es erforderlich würde, neue Aufgaben in Angriff zu nehmen, um volkswirtschaftlichen Belangen oder aktuellen wissenschaftlichen Tendenzen gerecht zu werden, ohne dabei in Hektik oder Oberflächlichkeit zu verfallen. Ich möchte unsere Entwicklung als ein ständiges Beachten eines dialektischen Verhältnisses zwischen Stabilität und Veränderung betrachten. Das so geschaffene wissenschaftliche und organisatorische System war offen, es war aufnahmefähig für neue Einrichtungen und Forschungsgebiete.

So stießen 1962 die Abteilung Reaktionskinetik, 1965 der Bereich Physikalische Methoden in der analytischen Chemie zu uns und wurden recht bald in größere wissenschaftliche Zusammenhänge integriert. 1968 waren wir das erste Institut unserer Akademie, das zu einem Zentralinstitut umgebildet wurde. Die bis dahin selbständigen Institute für anorganische Katalyseforschung (Direktor OM Günter Rienäcker) und für Strukturforschung (Direktor Frau Professor Boll-Dornberger) — ich begrüße beide Kollegen heute ganz herzlich unter uns — hatten in etwa 10—15jähriger Selbständigkeit einige hervorragende wissenschaftliche Ergebnisse hervorgebracht.

Ich erwähne hier:

1. Arbeiten von Professor Rienäcker und Mitarbeitern über synergetische Effekte bei Mischkatalysatoren,

2. über die Funktion des Katalysatorträgers, seine Beteiligung an der katalysierten Reaktion und der Chemisorption.

Die genannten Arbeiten hatten und haben eine große Bedeutung für die Schaffung theoretischer Ansätze zum Verständnis der heterogenen Katalyse. Gleichzeitig waren sie Beiträge zur technischen Nutzung.

Frau Professor Boll-Dornberger widmete sich mit Mitarbeitern vorwiegend der sehr anspruchsvollen Aufgabe der Erforschung von OD-Strukturen mit Hilfe der Röntgenbeugungsmethoden. Sie schuf in Nomenklatur, Methoden- und Strukturinterpretation Ergebnisse von internationaler Bedeutung. Gleichzeitig wurde die Röntgenkristallstrukturanalyse vorwiegend an Einkristallen stark entwickelt und auf biologische und chemische Systeme angewandt.

Diese wissenschaftlichen Leistungen, die Wissenschaftler und Mitarbeiter, die Geräte und Einrichtungen waren gewissermaßen die „Mitgift", die die genannten Einrichtungen mit in die Ehe mit dem Institut für physikalische Chemie einbrachten. Wenn auch Übergangsschwierigkeiten auftraten, wie in jeder Ehe Anpassungsschwierigkeiten nicht zu vermeiden waren, wir können doch heute feststellen, daß die Bildung des ZIPC am 1. Mai 1968 nützlich und wissenschaftlich erfolgreich war.

Was diskutierten wir damals die Frage der optimalen Größe eines Grundlagenforschungsinstitutes mit heißem Herzen! Objektive und subjektive Faktoren, wissenschaftliche und organisatorische Fragen, Persönliches und Allgemeines stellten manchmal ein unentwirrbares Knäuel dar. Was berechtigt mich heute zu einer positiven Einschätzung unserer Entwicklung?

1. Wir führten kein zur Hypertrophie neigendes Experiment aus, sondern hielten uns bei der Zusammenführung der Aufgaben nüchtern, selbstkritisch und „ohne unser Konto zu überziehen", um einen Ausdruck von Professor Thiessen zu gebrauchen, an Probleme, die dem Wesen und der Leistungsfähigkeit der physikalischen Chemie entsprachen.

2. Wir stellten schnell interdisziplinäre Verbindungen zwischen allen Bereichen des neu gegründeten Zentralinstituts her und sorgten dadurch für eine enge wissenschaftliche Verflechtung.

3. Leitungstätigkeit und wissenschaftliche Diskussionen und Veranstaltungen waren vor allem auf gemeinsam interessierende Probleme ausgerichtet.

4. Fragen der Theorie, der Rechentechnik, der gemeinsamen Gerätenutzung wurden so organisiert, daß nicht die „Abgrenzung" der Abteilungen voneinander, sondern ihre Kooperation gefördert wurde.

5. Schließlich trug die gleichzeitig geschaffene Wissenschaftliche Konzeption „Physikalische Chemie" dazu bei, den Integrationseffekt mit Fachkollegen in Industrie und Hochschulen zu beschleunigen und dauerhafte Beziehungen herzustellen, die übrigens trotz mancher organisatorischer Änderungen bis heute gehalten haben.

Nicht nur bei dieser Gelegenheit, sondern öfter spürten wir die Aufmerksamkeit und die Sorge, mit hohen Maßstäben gemischt, die uns durch den Präsidenten unserer AdW zuteil wurden. Ihm, der als unser Fachkollege uns oft mit Rat und Tat half, sei hier herzlich gedankt.

Die Bildung des ZIPC führte mit rund 500 Mitarbeitern zur Schaffung eines leistungsfähigen Forschungsschwerpunktes für physikalische Chemie in unserer Republik. Gleichzeitig wurde uns damit ein Forschungspotential in die Hand gegeben, das bei Übernahme von Kooperationsverpflichtungen aus der Industrie disponibel und leistungsfähig war und uns auch in den Stand setzte, von uns aus Vorschläge für die Durchführung einer gemeinsamen Wissenschaftspolitik mit wichtigen Industriepartnern zu machen. Bei unseren regelmäßigen Beratungen mit den Kombinaten Leuna, Buna, Filmfabrik Wolfen und der VVB Chemieanlagenbau konnten wir dies positiv nutzen, in ähnlicher Weise auch auf internationalem Gebiet.

Die Zusammenarbeit mit der Industrie

Für einen lebensverbundenen Wissenschaftler war es stets von großer Bedeutung, nach der gesellschaftlichen Nutzung seiner wissenschaftlichen Erkenntnisse zu fragen. Das gilt besonders für die Chemie, die bereits seit Mitte des vergangenen Jahrhunderts Einfluß auf die chemische Technik zu nehmen begann.

Bekanntlich hat Wilhelm Ostwald als Mitbegründer unserer Fachrichtung wesentlich dazu beigetragen, daß die heterogene Katalyse schon frühzeitig technisch genutzt wurde. Stets sind von Physikochemikern Impulse zur Anwendung wissenschaftlicher Erkenntnisse in der Praxis ausgegangen. Es sei hier nur an Walther Nernst, Max Bodenstein, Henricus van't Hoff, Irving Langmuir, Max Volmer, Alexander Frumkin u. v. a. erinnert. Die Gründung unseres sozialistischen Staates schuf äußerst günstige Voraussetzungen für eine enge, von kleinlichen persönlichen oder Konzerninteressen freie Kooperation zwischen Wissenschaft und Technik, zwischen Forschungsinstitut und Produktionsbetrieb. Es war von programmatischer Bedeutung für unsere Arbeit, daß bereits in der ersten Aufgabenstellung für unser Institut aus dem Jahre 1957, inspiriert durch die Vorstellungen und Erfahrungen von Herrn Professor P. A. Thiessen, festgelegt wurde, „daß das Institut enge Verbindungen zu Betrieben und Institutionen der sozialistischen Wirtschaft herstellen und vertragliche Verpflichtungen über die Durchführung bestimmter Forschungs- und Entwicklungsarbeiten eingehen soll".

Auch der Aufbau eines Technikums zur Durchführung von Versuchen, die über den eigentlichen Laboratoriumsmaßstab hinausgehen und damit als erste Etappe der Überführungskette anzusehen sind, zeugt von dieser praxisnahen Auffassung.

So waren denn auch Kollegen bereits zu Anfang der 60er Jahre an wissenschaftlichen Aufgaben in der Volkswirtschaft tätig. Ich erinnere hier an die Arbeiten von Kollegen Dr. JERSCHKEWITZ und Mitarbeitern über die Aufbereitung $FeSO_4$-haltiger Grubenabwässer durch Entwässerung des Eisenhydroxidschlammes, die mit großem Elan und viel Einsatzbereitschaft durchgeführt wurden. Auch der jahrelange Einsatz des Genossen Dr. BOCK im Mansfeld-Kombinat zur Einführung und Nutzung mechanochemischer Aktivierungsprinzipien bei der Herstellung von Nickeltetracarbonyl hatte große Bedeutung für unser Institut.

Inzwischen haben sich feste, die Forschungsarbeiten unseres Zentralinstituts maßgebend beeinflussende Kooperationsbeziehungen zur Industrie, besonders zur chemischen Industrie, herausgebildet. Fast jede Abteilung kann auf solche Vorhaben hinweisen.

Da die physikalische Chemie unmittelbar Beiträge zur wissenschaftlichen Durchdringung der chemischen Technologie leistet und die technologischen Probleme von großer Bedeutung für den Überführungsprozeß sind, werden wir diesen Fragen auch in Zukunft große Aufmerksamkeit schenken.

Welche wissenschaftlichen und ideologischen Probleme warf die enge und planmäßige Zusammenarbeit mit der Industrie bei uns auf?

1. Obwohl bereits bei der Gründung des Instituts die Praxiswirksamkeit der Forschungsergebnisse gefordert wurde, heißt das nicht, daß alle Mitarbeiter überzeugt waren, daß das auch auf ihre Arbeiten angewandt werden sollte. Es bestand zunächst verbreitet Abneigung, sich mit Betriebsproblemen zu befassen. Geringes Niveau der damit verbundenen Aufgaben, geringer Wirkungsgrad für die eigenen Arbeiten, Schwierigkeiten in der Entwicklung sachlicher Partnerbeziehungen, Verwässerung des Niveaus der „reinen" Grundlagenforschung, das waren einige Gründe, die anfangs immer wieder vorgebracht wurden. Und ein bißchen Scheu vor der Vielseitigkeit technischer Anforderungen, vor der Breite der auftretenden Probleme, denen man als „Spezialist" ja keineswegs immer gewachsen war, kamen dazu — wenn auch meist unausgesprochen. Es mußte also gelegentlich schon etwas „sanft" nachgeholfen werden, um die gewünschten Kooperationsbeziehungen zustandezubringen, wobei wir uns auch mit Schwierigkeiten beim Partner auseinanderzusetzen hatten.

2. Wer aber von unseren Mitarbeitern ohne Voreingenommenheit und mit aufnahmebereitem Verstand die wissenschaftlich-technischen Fragen der Produktion studiert hatte, der kam mit vielen Anregungen für die eigene wissenschaftliche Arbeit in das Institut zurück, der identifizierte sich immer stärker mit der in der

Praxis geforderten Breite an Wissen und Erfahrung — kurzum, er verließ endgültig alle etwa noch vorhandenen Reste eines „Elfenbeinturms" der Wissenschaft, der erkannte immer deutlicher, was er als Grundlagenforscher selbst tun muß, um die Forderung, die Wissenschaft zur Produktivkraft zu machen, zu erfüllen.

3. Dieser Erkenntnisprozeß führte bei vielen zu einer verändertenHaltung zur Produktion. Wurde die Kooperation mit den Betrieben zunächst noch als ein lästiges Übel angesehen, so besteht heute bei vielen durchaus ein Bedürfnis, die erlangten Forschungsergebnisse in der Praxis zu prüfen. Zusammenarbeit mit der Produktion ist nicht mehr gelegentliches Abenteuer, sondern gesellschaftlicher Auftrag. So wie sich die Bedeutung der Wisssenschaft für die Gesellschaft wesentlich erhöht hat, so trägt heute der Wissenschaftler in hervorragendem Maße die Verantwortung für wichtige Produktionsbereiche. Diese Verantwortung kann nur in kollektiver Arbeit mit Arbeitern, Ingenieuren und Wissenschaftlern aus dem Produktionsbereich selbst wirksam werden. Alle diese Aktivitäten tragen dazu bei, die Persönlichkeit unserer Mitarbeiter zu formen und ihren individuellen Entwicklungsprozeß zu fördern.

Einen Widerspruch zu dieser positiven Entwicklung sehe ich in der Tatsache, daß es uns bisher nur unvollständig gelungen ist, unsere Mitarbeiter, vor allem die jüngeren unter ihnen, von der Zweckmäßigkeit zu überzeugen, für längere Zeit in der Industrie zu arbeiten. Hier haben wir gegenwärtig noch Rückstände, die durch planmäßige Kaderarbeit und durch einheitliches Handeln aller Leiter überwunden werden müssen.

Vor uns stehen in den nächsten Jahren folgende Aufgaben in der Zusammenarbeit mit der Industrie:

1. Die ständige und planmäßige Kooperation mit der Industrie gehört zu den prinzipiellen Aufgaben unseres Instituts. Die Kooperationskette: Grundlagenforschung — Überführung — technische Anwendung muß in engem Zusammenwirken mit dem Industriepartner langfristig geplant werden.

Zwischen dem hohen Niveau einer Forschungsleistung und ihrer Anwendbarkeit in der Praxis besteht oft ein direkter Zusammenhang. Auffassungen, daß die Technik Leistungen von geringerem wissenschaftlichem Niveau benötigte, sind durch das Leben widerlegt und sollten von uns endgültig überwunden werden.

2. Für jedes neue Forschungsergebnis, sei es erhalten durch Initiativforschung, durch wissenschaftlichen Vorlauf oder theoretische Berechnung, ist die Anwendbarkeit in der Praxis zu überprüfen. Ein möglicher Kooperationspartner ist so rechtzeitig wie möglich bei der Fortsetzung der Arbeiten hinzuzuziehen.

3. Da die Einführung wissenschaftlicher Erkenntnisse in die Produktion über Prozeßanalysen bestehender Verfahren schnell und meist ohne großen Investitionsaufwand vor sich geht, stellt sie eine sehr rationelle Form der Überführung dar, der wir stets die erforderliche Aufmerksamkeit widmen müssen.

4. Bei der Realisierung von Schwerpunktaufgaben, Staatsaufträgen und Spitzenleistungen müssen wir der interdisziplinären Zusammenarbeit mit anderen

Wissenschaftsgebieten und Industriezweigen wie der Elektronik, der Energie, dem Bauwesen oder der Biologie und Landwirtschaft große Bedeutung beimessen und neue organisatorische Formen der Zusammenarbeit erproben.

5. Auch auf analytischen Gebiet besteht für uns die Verpflichtung, Beiträge zur Praxis zu leisten. Analytik für die Produktion, das sind in erster Linie Leistungen für die Betriebs- und Prozeßkontrolle, unter Einschluß der Gewinnung von zuverlässigen Daten für die Berechnung und Modellierung technischer Prozesse.

Internationale Zusammenarbeit

Wissenschaft hat heute große internationale Bedeutung, besonders wenn es, wie im Falle der sozialistischen Bruderländer, um die Herausbildung neuer Kooperationsbeziehungen mit dem Ziel der internationalen Arbeitsteilung geht. Heute verfügt unser Institut über 41 vertraglich festgelegte Beziehungen zu Wissenschaftseinrichtungen sozialistischer Länder, darunter 16 mit der Akademie der Wissenschaften der UdSSR. Jeder Bereich, ja fast jede Abteilung hat *seinen* Partner. Also ist alles in Ordnung? Bei einer Analyse sollte man unbedingt vom Inhalt und von der Effektivität der Kooperationsbeziehungen ausgehen, und da gibt es beträchtliche Unterschiede. Vom gelegentlichen Informationsaustausch über regelmäßige Zusammenarbeit bis zur arbeitsteiligen Kooperation ist ein weiter Weg. Das letztgenannte Prädikat verdienen im strengen Sinne nur ganz wenige Kooperationsbeziehungen.

Die UdSSR half uns in den Jahren des sozialistischen Aufbaus nachdrücklich. Schon Herr Professor THIESSEN wertete Erfahrungen, die er bei der praktischen Arbeit in der UdSSR erworben hatte, für die Forschungskonzeption des vor 20 Jahren gegründeten Instituts aus. In unseren Reihen arbeiten 12 Wissenschaftler, die ihr Studium in der UdSSR absolviert haben.

Welche Voraussetzungen müssen wir für eine erfolgreiche internationale Zusammenarbeit erfüllen?

1. Wir müssen selbst Ergebnisse oder Methoden von internationalem Niveau zu bieten haben. Durchschnittsresultate reichen nicht aus, um aus uns attraktive Partner zu machen.

2. Die Arbeiten müssen zueinander passen, d. h., daß die Spezialisierung so weit fortgeschritten ist, daß entweder Experiment und Theorie oder Teilfragen einer umfassenden Aufgabe aufeinander abgestimmt werden können.

3. Wir müssen zuverlässige Partner sein, nur dann können wir die gleiche Eigenschaft auch von anderen verlangen. Jede nicht erfüllte Verpflichtung, natürlich auf beide Seiten bezogen, schadet der Zusammenarbeit.

4. Die Ergebnisse müssen austauschbar sein. Resultate von spezifischem nationalem ökonomischem Interesse sind es gewöhnlich nicht.

Zusammenarbeit sollte bei jeder sich bietenden Gelegenheit betrieben werden, nicht nur bei speziellen Dienstreisen, sondern auch beim Zusammentreffen auf Konferenzen, Symposien, bei Vorträgen und anderen Gelegenheiten.

Leistungen und zukünftige Aufgaben des ZIPC

Unsere heutige Bilanz und Rechenschaftslegung sollte es uns ermöglichen, die wichtigsten bisher erzielten Leistungen einzuschätzen und gleichzeitig daraus Aufgaben für die Zukunft abzuleiten. Wir analysieren die Vergangenheit deshalb kritisch, weil uns eine solche Analyse wertvolles Material für künftige Aufgabenstellungen liefert. Die Zeitachse Vergangenheit — Gegenwart — Zukunft hat für uns keine Unstetigkeiten: sie manifestiert ihre Einheitlichkeit in unseren Plänen und Prognosen.

Ich beginne mit dem *Bereich Grenzflächenmechanik,* weil sich in seinen Ergebnissen viele Ideen und Überlegungen des Gründers unseres Instituts, Herrn Professor THIESSEN, niederschlagen. Ausgehend von Resultaten der Grenzflächen- und kolloidchemischen Forschung der 20er und 30er Jahre, begann Herr Professor THIESSEN die experimentelle Untersuchung des aktuellen Problems „Wie verändert sich die Reaktionsfähigkeit des realen Festkörpers unter dem Einfluß der mechanischen Bearbeitung?"

Über bisherige Vorstellungen hinausgehend, erkannte er, daß bei Stoßbearbeitung von Festoberflächen nicht nur Schmelz-, sondern auch Verdampfungs- und Ionisationsprozesse auftreten können. Das von ihm aufgestellte Modell „der geringsten Widersprüche", das Magma-Plasma-Modell, erwies sich von großem heuristischem Wert. Es lieferte die Grundlage für die Untersuchung von chemischen und physikalischen Vorgängen in mechanisch beanspruchten Festkörperoberflächen, z. B. bei der Untersuchung von Auf- und Entladungsvorgängen, für das Auftreten von Exoelektronen und für die Bearbeitung des Mechanismus chemischer Reaktionen außerhalb des thermischen Gleichgewichts. Auch heute fließen viele Vorstellungen, die von diesem Modell ausgehen, in unsere Arbeiten ein. Sie sind Anlaß zu weiteren aktuellen Untersuchungen über chemische Vorgänge im Funkenplasma und unter mechanischem Einfluß.

Die Untersuchung der Reaktivität des mechanisch gestörten Festkörpers führte uns sowohl zur allgemeinen Problematik der Reaktionsfähigkeit des realen Festkörpers, der ja fast stets Strukturdefekte enthält, als auch zu wichtigen technischen Anwendungen. Das herausragendste Beispiel ist unser Vorschlag, Rohphosphat durch mechanische Bearbeitung soweit für den Einsatz als Düngemittel aufzuschließen, daß etwa 50% der bisher verwendeten Schwefelsäure eingespart werden können. Kleintechnische Erprobung und pflanzenphysiologische Testung verlaufen erfolgreich. Eine enge langfristige Zusammenarbeit mit dem Düngemittelkombinat Piesteritz wurde vereinbart.

Vor dem Bereich steht die Aufgabe, das Problem der Festkörperreaktivität umfassender als bisher zu bearbeiten, die experimentellen Arbeiten und Strukturuntersuchungen durch theoretische Arbeiten zu vertiefen, die irreversible Thermodynamik auf geeignete Probleme anzuwenden und die Reaktivität von Festkörpern durch Einsatz elektrochemischer Methoden zu untersuchen. Wir erwarten von diesen Arbeiten verallgemeinerungsfähige Erkenntnisse über den Ablauf und mögliche Beeinflussung von Festkörperreaktionen und ihre technische Anwendung. Dazu sind auch analytische Arbeiten über die Bestimmung von Gitterdefekten und anderen Parametern der Realstruktur erforderlich.

Die Arbeiten über die *heterogene Katalyse* führten zu bemerkenswerten Erfolgen, vor allem bei der Entwicklung hochaktiver Katalysatoren zur Durchführung der Wassergaskonvertierung (hier konnten neue grundlegende Erkenntnisse über die Struktur und das Alterungsverhalten des Katalysators gewonnen werden, die für die technische Nutzung im Kombinat Leuna von Bedeutung sind), bei der Untersuchung des Reaktionsmechanismus der partiellen Oxydation von Kohlenwasserstoffen und der Entwicklung von Katalysatoren hierfür und bei der Auffindung neuer leistungsfähiger Katalysatoren für die Reforming-Reaktion. Ein Schwerpunkt der Entwicklung der letzten Jahre lag bei der Bearbeitung von Katalysatoren mit gezielt hergestellten Oberflächenstrukturen durch Anwendung des sogenannten Aufschichtungsprinzips.

Jetzt und für die Zukunft gilt es, diese Aktivzentrensynthese fortzusetzen, an ausgewählten Reaktionstypen zu untersuchen und Vorschläge für die Optimierung von Katalysatoren auf der Grundlage dieser Ergebnisse abzuleiten. Die Konzentration der Arbeiten auf die Untersuchung aktiver Oberflächenbezirke des Katalysators entspricht einem internationalen Trend. Gleichzeitig müssen grundlegende Untersuchungen über die Herstellung von Katalysatoren, die bestimmte Texturen und Matrixeigenschaften aufweisen, durchgeführt werden. Die Arbeiten sind verstärkt durch quantenchemische Berechnungen von Oberflächenreaktionen zu ergänzen.

Auf *kinetischem Gebiet* gilt unsere Aufmerksamkeit der Heterogenkinetik. Die analytischen Hilfsmittel hierfür wie die Impulsmethoden und spezielle spektroskopische Verfahren sind weiter zu entwickeln. Der Bereich *Katalyse und Kinetik* verfügt über stabile und erfolgreich arbeitende Partnerschaftsbeziehungen zur Industrie, vor allem zum Kombinat Leuna, die weiter ausgebaut werden müssen. An der Arbeit der im Rahmen des RGW gebildeten Kommissionen zur internationalen Koordinierung der Katalyseforschung nehmen unsere Mitarbeiter verantwortlich teil; innerhalb der DDR wird die Forschung durch den Wissenschaftlichen Rat für Katalyse, koordiniert.

Die am ZIPC durchgeführten Arbeiten über die *Adsorption an Zeolithen* entsprechen völlig der Konzeption, vor allem Grenzflächen- und verwandte Vorgänge zu untersuchen. Angeregt durch die Anforderungen der Praxis gelang es, innerhalb weniger Jahre einen Bereich aufzubauen, der sowohl neue theoretische Erkenntnisse über die Thermodynamik der Adsorption von vorwiegend Kohlenwasserstoffen an Zeolithen erarbeitete, als auch durch Erarbeitung wichtiger Stoffdaten, durch Ausarbeitung von leistungsfähigen Modellen für die Berechnung von Ad- und Desorptionsvorgängen und durch Bereitstellung praktischer und theoretischer Kenntnisse wesentlich zur technischen Entwicklung des Parexverfahrens zur Gewinnung von Normal-Paraffinen aus Erdölfraktionen beitrug. Wir sind heute in der Lage, mit Hilfe der aufgestellten Rechenprogramme die Arbeitsbedingungen für unterschiedliche technische Anforderungen zu ermitteln und so auch die Verhandlungen unseres Landes zur Vergabe von Lizenzen für dieses Verfahren an das Ausland zu unterstützen.

Die in den letzten Jahren entwickelten statistisch-thermodynamischen Ansätze zur Ermittlung von Adsorptionsgleichgewichten, Vorstellungen über die Deutung gekrümmter Adsorptionsisosteren und der Einsatz wirkungsvoller Untersuchungsmethoden bei der Bestimmung von Durchbruchskurven entsprachen hohen Maßstäben. Diese Arbeiten fanden internationale Beachtung. So gelang es uns, in den letzten zehn Jahren enge und wirkungsvolle wissenschaftliche Beziehungen zu sowjetischen Forschungseinrichtungen, vor allem zum Institut für physikalische Chemie der sowjetischen Akademie herzustellen. Wir verdanken unseren sowjetischen Kollegen viele wertvolle Anregungen auf theoretischem und experimentellem Gebiet, die regelmäßige Durchführung gemeinsamer Diskussions- und Arbeitsberatungen legt Zeugnis für den hohen Grad an Verflechtung unserer Arbeiten ab.

Schwerpunkt bleibt auch weiterhin unsere Zusammenarbeit mit Leuna und Schwedt zur Weiterentwicklung des vorhandenen Parexverfahrens. Auch für andere spezifische Trennverfahren, für Probleme des Umweltschutzes und der Reindarstellung von Stoffen sollten Zeolithe eingesetzt werden. Hand in Hand hiermit muß ein weiterer Ausbau der theoretischen Arbeiten gehen. Der Einsatz neuer Analysenmethoden zur Bestimmung molekular-physikalischer Parameter wird ausgebaut werden. Hier haben wir bereits bisher starke Unterstützung durch die sehr effektive Zusammenarbeit mit der Karl-Marx-Universität Leipzig (Herrn Professor Pfeifer) auf dem Gebiet der NMR-Spektroskopie gehabt. Wir hoffen, auch in Zukunft diese Kooperation weiter ausbauen zu können.

Der *Bereich physikalische Methoden der analytischen Chemie,* zahlenmäßig der stärkste im Institut, hat seit 1972 gleichzeitig die Funktion eines Methodisch-Diagnostischen Zentrums übernommen. Auf der einen Seite eng mit den Problemen der Chemie, insbesondere der physikalischen Chemie, verbunden, auf der anderen Seite für die wissenschaftlich rationelle Nutzung der vorhandenen analytischen Großgeräte verantwortlich, stellt dieser Bereich einen wichtigen Intensivierungsfaktor für die Arbeit des ZIPC und des Forschungsbereiches Chemie dar. Diese Doppelfunktion stellt hohe Anforderungen an die Leitung des Bereiches. Die verantwortliche Mitarbeit an physikalisch-chemischen Problemen soll vor allem der Gewinnung von Daten für Struktur-Eigenschafts-Beziehungen in Stoffsystemen dienen. Die Mitarbeit bei analytischen Fragen, die damit verbundene Hilfe für wissenschaftliche Einrichtungen aus allen Teilen der Akademie und aus vielen Industriebetrieben verkörpern einen hohen Rationalisierungseffekt, der dem bestmöglichen Einsatz der modernen Methoden sowie der qualifizierten Beratung dient. 1976 wurden 200 Anforderungen auf Hilfestellung bei analytischen Fragen erfüllt. Keineswegs ist damit die Übernahme von Routinearbeiten verbunden. Viele Einrichtungen und Betriebe schenken heute bei der Durchführung von Forschungsarbeiten den analytischen Fragen noch zu wenig Aufmerksamkeit. Sehr spät stellen sie oft fest, daß sie ohne gesicherte analytische Daten nicht weiterkommen, und versuchen dann, das Fehlende gewissermaßen „im Lohnauftrag" bei uns unterzubringen. Jede zweite Anforderung aus der Industrie betraf 1976 ein analytisches Problem. Wir können in solchen Fällen nur den dringenden Hinweis geben, die erforderlichen analytischen Kapazitäten selbst zu schaffen.

Unter den wissenschaftlichen Leistungen des Bereiches PMAC ragen die Arbeiten über Wechselstrompolarographie, die auch theoretische und methodische Bedeutung für die Bestimmung der Struktur von Oberflächenschichten gewonnen haben, hervor. Die Herausarbeitung einer Theorie für die Auswertung der Ergebnisse der Kernresonanzspektroskopie mit schweren Kernen wie ^{29}Si oder ^{31}P hatte allgemeine Bedeutung. Verallgemeinerungsfähige Struktur-Eigenschafts-Beziehungen wurden für Organosiliciumverbindungen abgeleitet; sie können auch auf Silicium-Sauerstoff-Verbindungen übertragen werden. Die Interpretation der komplexen Stofftrennung mit Hilfe von chromatografischen und spektroskopischen Methoden hat wissenschaftliche Bedeutung erlangt.

In der *Strukturforschung,* die im übrigen heute als ein untrennbarer Bestandteil der traditionellen Analytik angesehen wird, gelang es, eine Methode zur Aufklärung schlecht streuender Molekülstrukturen bei Molekulargewichten von ungefähr 700 herauszuarbeiten. Die Untersuchung der Struktur von Polymethinfarbstoffen gemeinsam mit Vertretern des Zentralinstitutes für Optik und Spektroskopie führte nicht nur zu wertvollen Strukturdaten von Bedeutung für die Praxis, sondern auch zur Ableitung von allgemeinen Daten für organisch-chemische Moleküle mit Polymethincharakter aus Röntgendaten. Damit tritt das Konzept der Polymethinbindung als gleichberechtigtes Modell neben die polyenische und die aromatische Bindung. Diese Entwicklung hat große theoretische Bedeutung.

Vor diesem Bereich steht die Aufgabe, die Voraussetzungen für eine rationelle Elementanalyse für den gesamten Forschungsbereich Chemie zu schaffen, gleichzeitig ist beschleunigt eine Konzeption über die Reinstoff- und die Spurenanalytik auszuarbeiten. Damit ist die Entwicklung von Analysenverfahren verbunden, die in bisher nicht erreichte Genauigkeitswerte vorzudringen gestatten. Die Lösung dieser Aufgaben hat auch für andere Wissenschaftsgebiete wie die Molekularbiologie, die Physik (speziell die Mikroelektronik), die Werkstoffwissenschaft und den Umweltschutz große Bedeutung.

Der *Bereich Dynamik und Statik disperser Systeme* lieferte international beachtete

Ergebnisse bei der Untersuchung hydrodynamischer Instabilität an fluiden Phasengrenzen. Theoretische Beiträge trugen zu einem verbesserten Verständnis der beobachteten Phänomene bei. Es stellt eine folgerichtige Entwicklung dar, diese Arbeiten in Zukunft unter dem Aspekt der dissipativen Strukturen fortzusetzen und das im Bereich vorhandene reichhaltige experimentelle Material hierfür zu nutzen.

Den gegenwärtigen Schwerpunkt des Bereiches stellt die technische Einführung des Prinzips der Hochgeschwindigkeits-Stofftrennung dar. Die Entwicklung einer entsprechenden Rektifizierkolonne gemeinsam mit dem VEB Germania Karl-Marx-Stadt ist planmäßig zu organisieren.

In der *Abteilung Kolloidchemie* wurden vor allem international beachtete Arbeiten über den Flockungs- und Koaleszenzprozeß an dünnen Filmen hervorgebracht. Die sterische Stabilisierung durch Makromoleküle kommt in der Schutzkolloidwirkung zum Ausdruck. Weitere wichtige Resultate betrafen die Deformationserscheinungen an strukturierten Dispersionen, wobei die theoretische Deutung auf die zwischenpartikuläre Wechselwirkung und auf Strukturänderungen zurückgeführt werden. Gegenüber dem Stand in der Literatur stellt dies einen Fortschritt in der theoretischen Durchdringung dar.

Die weiteren Aufgaben sind in einer Bearbeitung der Vielkörperwechselwirkung in strukturierten dispersen Systemen zu sehen, in der Untersuchung der Kinetik der langsamen Koagulation und in der Einführung von Untersuchungsmethoden zur Charakterisierung der Wechselwirkung und der Nahordnung adsorbierter Moleküle, insbesondere der Konformation von Makromolekülen. Die Herausarbeitung mathematischer und physikalischer Modelle wird zur weiteren theoretischen Vertiefung der Vorstellungen über die Vorgänge dienen.

Die Abteilung verfügt über stabile und wirksame Verbindungen mit dem sozialistischen Ausland. Sichtbarer Ausdruck hierfür ist die Bildung eines internationalen Basislabors, das sich eines regen Zuspruchs erfreut.

Als eine Neuentwicklung am ZIPC bewährte sich die *Abteilung Plasmachemie.* Gebildet, um Reaktionsmechanismen unter den Bedingungen des ausgebildeten Plasmas, sei es im Entladungsbogen oder im freien Plasmastrahl oder im Plasma einer Stoßwellenfront, zu untersuchen, bearbeitete das kleine Kollektiv die Zersetzung von Kohlenwasserstoffen unter Plasmabedingungen vornehmlich zu Acetylen unter Entwicklung neuartiger diagnostischer und apparativer Methoden. Eine umfassende theoretische Berechnung thermodynamischer Zerfallsgleichgewichte ergab neue Resultate über die Beteiligung bestimmter Radikale am Gesamtprozeß. Dem bekannten Kasselmechanismus für die Bildung von Acetylen konnte eine neues Reaktionsschema zur Seite gestellt werden. Mit dem VEB Chemische Werke Buna wurden Kooperationsbeziehungen von langfristigem Ausmaß hergestellt.

Die Arbeiten dieser Abteilung werden zu einem Arbeitsgebiet der Hochtemperaturchemie weiter ausgebaut. Unter komplexem Einsatz thermodynamischer, kinetischer, spektroskopischer und plasmadiagnostischer Methoden sind umfassende Aussagen über Radikalreaktionen und Zerfallsvorgänge an verschiedenen Stoffsystemen zu gewinnen.

Wenn auch nicht durch die Zahl der Mitarbeiter, so doch durch das Gewicht der Arbeiten, hatte die *Abteilung Theoretische Chemie* bedeutenden Einfluß auf die Entwicklung des Instituts. Unter „Theoretischer Chemie" verstanden wir stets eine breite theoretische Basis für die Chemie und setzten es nicht mit der Quantenchemie gleich, obwohl natürlich die meisten der durchgeführten Arbeiten quantenchemischen Charakter haben. Gleichzeitig ist es Aufgabe jeder Forschungsabteilung, die zu ihren Arbeiten gehörende theoretische Vertiefung und Verallgemeinerung selbst zu erarbeiten. Der Abteilung Theoretische Chemie kann hierbei die Funktion eines Beraters, vor allem in methodischer Hinsicht zukommen.

Unter den herausragenden ‚zentralen' theoretischen Leistungen sind Arbeiten über den Zusammenhang zwischen Elektronenstruktur und Reaktivität in molekularen Systemen zu nennen, wobei besonders Ionen-Molekül-Reaktionen im Rahmen der Stoßtheorie untersucht wurden. Die quantenchemische Interpretation der Reaktivität und der Spektralparameter in open-shell-Systemen bei Polymerisationsverfahren, in der Plasmachemie führte zu neuen Erkenntnissen, ebenso wie die Bearbeitung halbempirischer Näherungsverfahren zur Berechnung von Potentialflächen. Die Arbeiten werden sich in Zukunft verstärkt den Wechselwirkungen zwischen Teilchen und Festkörperoberflächen zuwenden.

Seit 1965 verfügt das Institut über ein eigenes kleines Rechenzentrum. Die Tatsache, daß Mathematiker unmittelbar an den Problemen der physikalischen Chemie mitarbeiten, hatte einen sehr günstigen Einfluß. Frühzeitig lernten wir, unsere Ergebnisse in eine funktionsgerechte Form zu bringen, die Programmierung von Rechenabläufen zu beherrschen und der Aufstellung von Modellen Aufmerksamkeit zuzuwenden. Unsere Mathematiker widmeten sich den Fragen der ‚angewandten' Mathematik mit Erfolg, ihre unmittelbare Beteiligung an zahlreichen theoretisch fundierten Arbeiten, besonders in der statistischen Thermodynamik, brachte wesentliche wissenschaftliche Ergebnisse. Daß wir durch die Anwendung der Rechentechnik in der wissenschaftlichen Arbeit und durch die Übertragung der Erkenntnisse auf die Automatisierung der Labortechnik einen bedeutenden Rationalisierungseffekt erzielten, ist heute jedermann bewußt.

Nicht vergessen sei an dieser Stelle der *Bereich Ökonomie und Technik,* der für die gesamte Versorgung des Instituts, für die Materialwirtschaft, für die Durchführung aller Investitionen und für die technischen Arbeiten in den Werkstätten die Verantwortung trägt. Das Kollektiv hat großen Anteil an der Erfüllung der Aufgaben des Instituts. Diesen Kollegen sei an dieser Stelle ebenso der Dank ausgesprochen wie den Kollegen der Verwaltung, die ebenfalls ihren Beitrag geleistet haben, um das Institut bis zu seinem jetzigen Leistungsstand zu fördern.

Liebe Kollegen! Es ist nicht meine Absicht, nunmehr alle Seiten unserer Tätigkeit zu analysieren. Dazu fehlt die Zeit. Lassen Sie mich schließen. Wir haben die Aufgabe, der sozialistischen Gesellschaft und unserem Staat durch die Produktion neuer wissenschaftlicher Erkenntnisse in der physikalischen Chemie zu dienen, und wir verpflichten uns heute ausdrücklich dazu, daß wir die verantwortliche und überaus komplexe Arbeit von Partei und Regierung durch Leistungen von hohem Niveau auf unserem Spezialgebiet unter Einbeziehung aller Möglichkeiten, der gesellschaftlichen Nutzung, der Ergebnisse unterstützen wollen.

Wir haben an unserem Institut gute Arbeitsbedingungen. Wir wollen die günstigen Voraussetzungen so nutzen, daß wir vor der Gesellschaft, aber auch vor uns selbst in Ehren bestehen können. Uns sind die Maßstäbe, die an wissenschaftliche Leistungen auf unserem Gebiet und an die gesellschaftliche Nutzung gestellt werden, wohl bekannt. Seien wir selbst die besten Kritiker unserer Ergebnisse, legen wir selbst den härtesten Maßstab an unsere Arbeit, auf das wir sagen können, ich habe meine ganze Kraft, mein Wissen und meine Kenntnisse voll in den Dienst der edelsten Sache gestellt, die wir zum Ziel haben, der Stärkung und der weiteren Entwicklung der sozialistischen Gesellschaft.

Hartmut Linde

Dissipative Strukturen der Marangoni-Instabilität

Zur Würdigung des 20jährigen Bestehens des Zentralinstitutes für physikalische Chemie der Akademie der Wissenschaften der DDR gebe ich einen kurzen anschaulichen Einblick in das Arbeitsgebiet „Dissipative Strukturen der Grenzflächendynamik, im engeren Sinne der Marangoni-Instabilität", das besonders in den Anfangsjahren nach der Gründung unseres Institutes von meinen Mitarbeitern und mir intensiv vorangetrieben wurde. Dieses Arbeitsgebiet hat im umfassenderen Rahmen der Erschließung der nichtlinearen, irreversiblen Prozesse bei Ausgleichsvorgängen von Stoff, Wärme und Impuls erneut an Aktualität gewonnen. Der hier demonstrierte Aspekt der Entwicklung von Ungleichgewichtsstrukturen (dissipative Strukturen) ist von fundamentaler Bedeutung für das Verständnis von Selbstorganisation und Evolution physikalisch-chemischer und biologischer Systeme. In Verbindung mit den diese Strukturbildung verursachenden Instabilitäten ergeben sich auch technologische Anwendungen, die bei Verfahren mit größeren Triebkräften und damit insbesondere bei deren Intensivierung von größerer Bedeutung sind.

Unter Grenzflächendynamik versteht man die Wechselwirkung der Austauschprozesse von Stoff, Wärme und Impuls an und über eine flüssige Phasengrenze mit der örtlichen Ausbildung von Grenzflächenspannungsunterschieden, die identisch sind mit örtlichen Unterschieden der freien Grenzflächenenergie. Diese Grenzflächenspannungsunterschiede können das hydrodynamische Verhalten der beweglichen Phasengrenze zwischen zwei Flüssigkeiten oder einer Flüssigkeit und einem Gas erheblich beeinflussen. So kann die durch die Schubspannung einer Strömung sonst frei mitbewegte Grenze in einem durch Stabilität gekennzeichneten Grenzfall durch die Gegenwirkung eines Grenzflächenspannungsgefälles in ihrer Bewegung völlig blockiert werden (Abb. 1 Fall a). Bei Vertauschung von Ursache und Wirkung des Falles Abb. 1 a tritt eine freie Grenzflächenkonvektion vom Ort niedriger Grenzflächenspannung zum Ort höherer Grenzflächenspannung auf, die zusätzlich Strömungsarbeit in Grenznähe leistet (Abb. 1 Fall b).
Wesentlich für diese zum Teil recht komplizierten Wechselwirkungen ist, daß durch Diffusion und Konvektion grenzflächenaktive Stoffe — d. h. Stoffe, die in Abhängigkeit von ihrer Konzentration an der Phasengrenze die Oberflächenspannung erniedrigen — in Grenznähe transportiert werden. Die Abhängigkeit der

Grenzflächenspannung von der Temperatur führt zu einer weitgehenden Analogie zwischen Stoff- und Wärmeübergang insbesondere für Prozesse, die durch das Auftreten von freier Grenzflächenkonvektion Abb. 1 b gekennzeichnet sind.

In der theoretischen Behandlung wird diese Wechselwirkung, die im weiteren Sinne als Marangoni-Gibbs-Effekt bzw. als Marangoni-Effekt bekannt ist, als Randbedingung bei der Lösung der Transportgleichungen z. B. für Impuls und Stoff in der Form der Gleichung (1) auf Abb. 1 formuliert, wobei die Differenz der Schubspannungen an der Grenze in der oberen und der unteren Phase gleich der Grenzflächenspannungsänderung längs der Phasengrenze ist.

Beim heutigen Thema interessiert der Fall, daß durch eine Rückkopplung zwischen dem Transport durch Diffusion oder Wärmeleitung und dem konvektiven Transport durch die freie Grenzflächenkonvektion eine hydrodynamische Instabi-

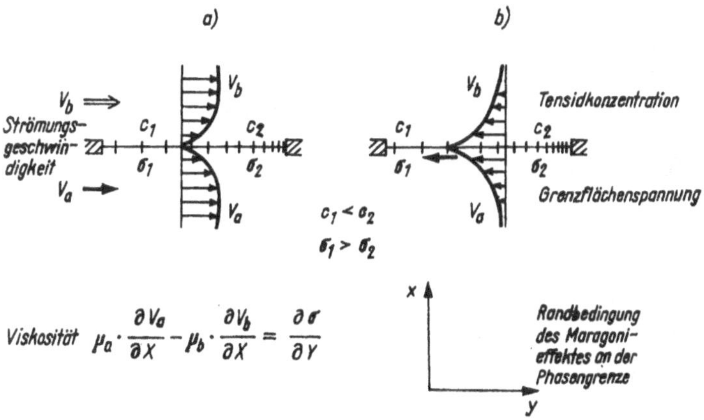

(1)

Abb. 1

V = Strömungsgeschwindigkeit	σ = Grenzflächenspannung
μ = dynamische Viskosität	Index a für untere Phase
c = Tensidkonzentration	Index b für obere Phase

a) Eine stationäre erzwungene Konvektion mit der Geschwindigkeit V (x) verdünnt und komprimiert den Adsorptionsfilm eines grenzflächenaktiven Stoffes längs der Phasengrenze, wobei ein Gradient der Oberflächenkonzentration c (y) und der Grenzflächenspannung σ (y) aufgebaut wird. Die Schubspannungen $\sum_i \mu_i \frac{\partial v_i}{\partial x}$ werden bei ruhenden Phasengrenzen (blockierte Oberflächenerneuerung) durch den Oberflächenspannungsgradienten $\partial\delta/\partial y$ kompensiert. μ_i = dynamische Viskosität der Phase i. (Marangoni-Gibbs-Effekt)

b) Ein Unterschied der Oberflächenkonzentration eines grenzflächenaktiven Stoffes führt an der Phasengrenze zu einem Grenzflächenspannungsunterschied, der eine freie Grenzflächenkonvektion auslöst. Der Grenzflächenspannungsgradient wird bei bewegter Phasengrenze durch Schubspannungen kompensiert (Marangoni-Effekt)

Abhängigkeiten von der dritten Raumkoordinate werden in Abb. 1 bis Abb. 4 vernachlässigt.

lität, die Marangoni-Instabilität genannt wird, auftritt. Diese beruht auf einer Selbstreproduzierung und Selbstanfachung der Grenzflächenspannungsunterschiede und der damit verbundenen Grenzflächenkonvektion. Mit dieser spontanen Entwicklung der freien Grenzflächenkonvektion ist die Bildung einer Ungleichgewichtsstruktur verbunden, auf die bereits der Begriff der Selbstorganisation anwendbar ist. Wir folgen einer anschaulichen Stabilitätsanalyse für den einfachen Fall der Verdampfungskühlung, um ohne die schwerer handhabbare Theorie den Rückkopplungsmechanismus zu verstehen.

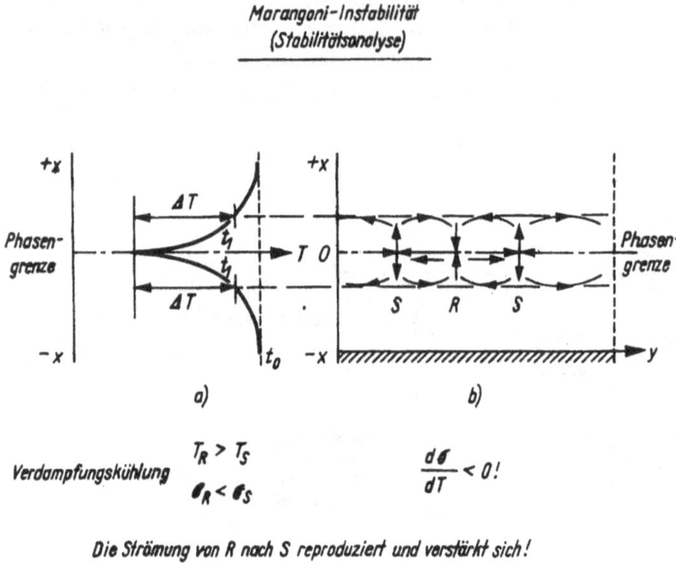

Abb. 2 a) Temperaturverlauf mit dem Abstand x von der Phasengrenze bei einer leicht verdampfbaren Flüssigkeit bei Verdanpfungskühlung
b) Vorgegebene Anfangsströmung zur Durchführung einer anschaulichen Stabilitätsanalyse nach der Methode der kleinen Störungen im zweidimensionalen Fall. x = senkrechter Abstand von der Phasengrenze, y = Koordinate längs der Phasengrenze

Auf Abb. 2 sind rechts für den zweidimensionalen Fall die beiden Phasen dargestellt, die sich in den Richtungen +x und −x von der Phasengrenze erstrecken. Die Phasengrenze selbst ist in Richtung y ausgedehnt. Links ist die Temperatur dargestellt, wie sie sich im Gleichgewicht des Zweiphasensystems zur Zeit t_0 und im Phasenungleichgewicht nach Zulassung von Verdampfung an der oberen Begrenzung des Systems zur Zeit t_1 einstellt. Durch die sich quasistationär einstellende Verdampfung entsteht an der Phasengrenze eine Senke für die Temperatur.

Die Stabilitätsanalyse mit Hilfe der Methode der kleinen Störungen führen wir durch, indem wir auf dem rechten Bild eine örtlich periodische Strömung — die sogenannte Rollenzellenströmung — vorgeben, wobei nur etwa eine Viertelumdrehung als Anfangsstörung betrachtet werden soll. Vergegenwärtigen wir uns die vorliegende Temperaturschichtung (linke Seite der Abb. 2), so erkennen wir, daß damit an die Stelle R von beiden Phasen nur grenzfernes Material mit höherer Temperatur an die Phasengrenze herantransportiert wird, während die Stelle S noch die gleiche Ausgangstemperatur beibehält. Auf Grund des negativen Temperaturkoeffizienten der Oberflächenspannung σ reiner Flüssigkeiten bedeutet das, daß die Oberflächenspannung bei R kleiner wird als bei S, was auf Grund des Marangoni-Effektes zu einer Grenzflächenkonvektion von R nach S führt. Damit tritt — und das ist hier als Nachweis der Instabilität zu werten — eine Grenzflächenkonvektion in der gleichen Richtung wie die Anfangsströmung auf, wobei

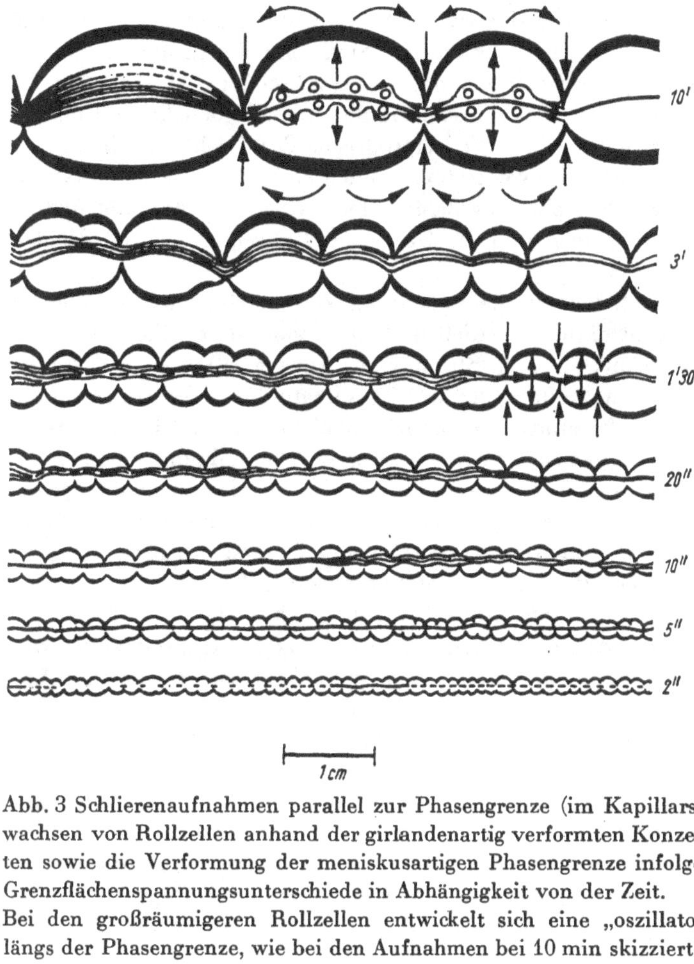

Abb. 3 Schlierenaufnahmen parallel zur Phasengrenze (im Kapillarspalt) zeigen das Anwachsen von Rollzellen anhand der girlandenartig verformten Konzentrationsgrenzschichten sowie die Verformung der meniskusartigen Phasengrenze infolge örtlich periodischer Grenzflächenspannungsunterschiede in Abhängigkeit von der Zeit.
Bei den großräumigeren Rollzellen entwickelt sich eine „oszillatorische Wirbelstraße" längs der Phasengrenze, wie bei den Aufnahmen bei 10 min skizziert.

$$\text{System} \quad \frac{\text{iso-Amylol ges. Wasser} + 1\%\ C_{16}H_{33}OSO_3Na}{\text{Wasser ges. iso-Amylol}}$$

letztere bei Überschreiten kritischer Bedingungen durch diese Rückkopplung reproduziert und verstärkt wird. Die Anfachungskonstante durchläuft ein Maximum für eine bestimmte Rollzellengröße, wodurch letztere bevorzugt angefacht werden und sich durchsetzen. Das GOEM von P. SCHWARTZ läßt sogar Maxima für um etwa eine bis zwei Größenordnungen verschieden große Rollzellen erkennen, die als theoretischer Nachweis der Koexistenz von Rollzellen 1., 2. und 3. Ordnung (s. dazu Abb. 5 und 6) gewertet werden können.

Exakte Stabilitätsanalysen und Berechnungsverfahren liegen von STERNLING und SCRIVEN, P. SCHWARTZ und H. WILKE vor [1] und machen genauere Aussagen über die Instabilitätsbedingungen, die Größe und Geschwindigkeit der Rollzellen, die Frequenz und Wellenlänge der bei etwas anderen Systemparametern sich anfachenden Oszillation sowie über den zusätzlichen Stoff- und Wärmeübergang. Grob vereinfachend kann festgestellt werden, daß mit wachsendem Abstand des Systems vom Gleichgewicht und mit Vergrößerung der Grenzflächenaktivität der diffundierenden Stoffe (das entspricht einer Vergrößerung der Triebkraft, die proportional dem Produkt aus dem Konzentrationsgradienten und der Konzentrationsabhängigkeit der Grenzflächenspannung, $dc/dx \cdot d\sigma/dc$ ist), die Instabilität und die Intensität der Strömung ansteigt und die Größe der Rollzellen bzw. die Wellenlänge der Oszillation absinkt.

Mit dieser Darstellung haben wir gleichzeitig das Wesentliche einer räumlich periodischen dissipativen Struktur beschrieben: Selbstorganisation einer hier längs der Phasengrenze örtlich periodischen Struktur der Konzentration eines diffundierenden grenzflächenaktiven Stoffes oder der Temperatur, der Grenzflächenspannung, der Intensität und Richtung der Grenzflächenkonvektion. Die Konvektion erstreckt sich mit einer endlichen Reichweite teilweise ebenfalls mit einem räumlich periodischen Verlauf in beide Phasen und führt auch hier zu einer Konzentrations-, Temperatur- und Strömungsstruktur. Das läßt sich durch Nachweis der Konzentrationsgradienten (Abb. 3), des Stromlinienbildes und des zuzuordnenden Grenzflächenspannungsverlaufs (Abb. 4) direkt nachweisen. [2]
Die Bezeichnung „Dissipative Strukturen“ wurde Anfang der 70er Jahre von PRIGOGINE für derartige Ungleichgewichtsstrukturen eingeführt. Gleichzeitig wird von diesem Pionier der Thermodynamik irreversibler Prozesse[1] die primäre Entstehung dieser dissipativen Strukturen sowie ihrer Weiterentwicklung — beides findet nach Überschreiten kritischer Systemparameter des Ungleichgewichtes statt — als physikalische Evolution definiert, für die allgemeine Stabilitätskriterien bzw. Evolutionskriterien angegeben werden können (Evolutionskriterien von PRIGOGINE-GLANSDORFF). [3]

Die weitere Evolution — und zwar in Richtung noch höherer Strukturiertheit — ist in unserem Falle bei Änderung der Systemparameter des Ungleichgewichts-

[1] Kurz vor dem Vortrag wurde bekannt, daß ILJA PRIGOGINE für seine wissenschaftlichen Leistungen auch auf diesem Gebiet mit dem Nobelpreis 1977 ausgezeichnet wurde.

systems demonstrierbar. Sie beruht auf einer Regimeänderung der strukturbildenden Strömungsvorgänge, die als quasistationäre Zustände auftreten.

Erinnern wir zur Unterscheidung an Gleichgewichtsstrukturen, wie sie in der

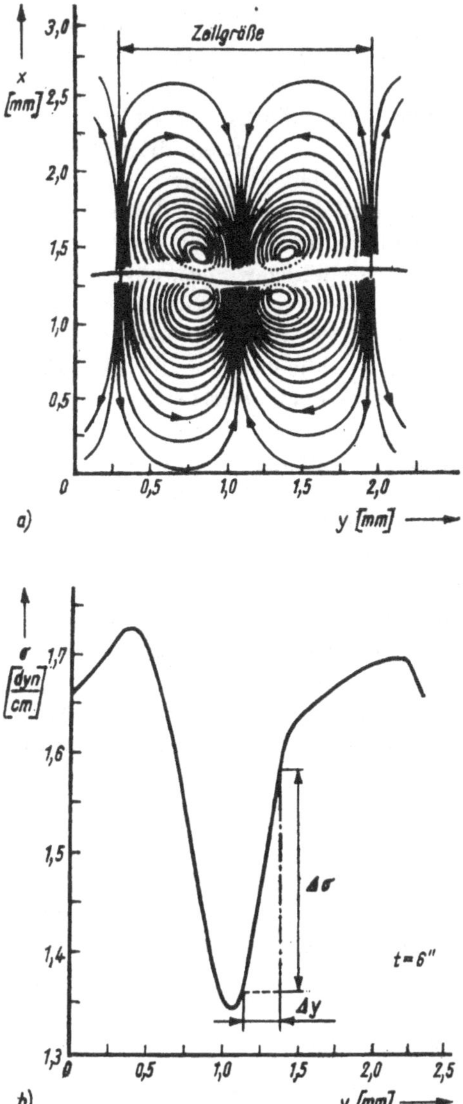

Abb. 4 a) Aus den Spurenbildern mitbewegter kleiner Teilchen berechnetes Stromlinienbild einer Rollzelle im Kapillarspalt des Systems entsprechend Abb. 3 bei 6 sec
b) Aus der Krümmung des Meniskus berechneter Grenzflächenspannungsverlauf längs der Phasengrenze im Rollzellenbereich

klassischen Thermodynamik für abgeschlossene Systeme ohne Energie-, Stoff- und Wärmeaustausch mit der Umgebung beschrieben werden.

Gleichgewichtssysteme sind durch ein Maximum der Entropie charakterisiert, was gleichzeitig maximale Unordnung und damit minimale Strukturiertheit bedeutet. Daraus läßt sich ableiten, daß die Bildung einer Gleichgewichtsstruktur beim Kondensationsvorgang eines Gases, bei der Kristallisation oder bei der Bildung einer chemischen Verbindung aus (ungeordneten) Einzelmolekülen nur erfolgen kann, wenn dabei die freie Enthalpie (bzw. die freie Energie) der kondensierteren und damit strukturierteren Phase kleiner wird als die der weniger kondensierten Phase. Diese Phasenumwandlung ist mit dem Austausch von Umwandlungswärme mit der Umgebung verbunden. Hier muß bereits die konsequente Betrachtung eines abgeschlossenen Systems ohne Berücksichtigung des Austausches mit der Umgebung verlassen werden. Derartige Gleichgewichtsstrukturen — die Strukturen der kondensierten Phasen und der Kristalle, die durch zwischenmolekulare Kräfte bedingt sind und im weiteren Sinne auch der chemisch stabilen Verbindungen, die durch zwischenatomare Kräfte bedingt sind — bleiben existent innerhalb der Schranken bestimmter kritischer Systemparameter und benötigen dabei keinen Stoff-, Wärme- und Energieaustausch mit der Umgebung. Im Gegensatz dazu wird eine Strukturiertheit des abgeschlossenen Systems in Form von Konzentrations- oder Temperaturunterschieden durch Diffusion und Wärmeleitung unter Entropievergrößerung des Systems abgebaut. Diese bereits recht große Mannigfaltigkeit dieser Gleichgewichtsstrukturen wird durch das Spektrum der Nichtgleichgewichtsstrukturen ≡ dissipative Strukturen wesentlich erweitert, wenn wir zu thermodynamisch offenen Systemen übergehen und damit Nichtgleichgewichtssysteme mit Austauschprozessen von Stoff, Wärme und Energie und mit chemischen Umwandlungen betrachten.

Der Begriff des Gleichgewichts muß hier durch den des Fließgleichgewichtes des stationären Zustandes ersetzt werden, für den eine Bilanz der Entropieänderung aufgestellt werden kann:

$$\frac{dS}{dt} = \frac{d_eS}{dt} + \frac{d_iS}{dt} = 0 \qquad (2)$$

(Diese Bilanz wird im folgenden am einfachsten Beispiel des Wärmedurchganges durch eine Schicht als offenes System mit dem Wärmeein- bzw. Wärmeausstrom J_q betrachtet.) Die gesamte Änderung der Entropie im System dS/dt ist im stationären Zustand gleich Null, das ist die Definition des stationären Zustandes. Die im Innern des Systems durch irreversible Prozesse (Transportprozesse und chemische Reaktionen) bedingte Entropieproduktion, die nach dem 2. Hauptsatz nur größer als Null sein kann

$$\frac{d_iS}{dt} > 0 \qquad (3)$$

muß durch einen Entropieausstrom $\frac{d_eS}{dt} = -J_q \frac{\triangle T}{T^2}$ (4)

kompensiert werden, um den stationären Zustand aufrecht zu erhalten. Jeder stationäre Zustand ist bereits im einfachsten Falle, d. h. bei minimaler Abweichung vom Gleichgewicht, mit einer einfachen Ungleichgewichtsstruktur verbunden, die z. B. durch den Konzentrations- oder Temperaturgradienten oder den Gradienten des chemischen Potentials gegeben ist. Bei größeren Abweichungen vom Gleichgewicht können in offenen Systemen bei Vorliegen von Rückkopplungsbedingungen und beim Überschreiten kritischer Bedingungen Instabilitäten auftreten, die durch eine Vergrößerung der irreversiblen Prozesse im Innern des Systems und damit der inneren Entropieproduktion nach (3) und durch eine entsprechende Vergrößerung des Entropieausstroms nach (4) aus dem System gekennzeichnet sind. Dabei entspricht dem Entropieausstrom nach (4) die Dissipation der freien Energie $dF/dt = -J_q \Delta T/T$. Bei konstanter Triebkraft führt die Vergrößerung des Entropieausstroms infolge von Marangoni- oder Rayleigh-Instabilität direkt zu einer — verfahrenstechnisch als Intensivierung meist erwünschten — nichtlinearen Vergrößerung des Stoff- oder Wärmeaustausches. Zur Erreichung des gleichgroßen Stoff- oder Wärmestromes würde bei linearer Abhängigkeit der Flüsse von den Kräften eine größere Triebkraft und damit eine größere Energiedissipation notwendig sein. Eine Umkehrung dieser Bewertung tritt ein, wenn — wie bei Impulsübertragung — durch die hydrodynamische Instabilität der Turbulenz die Intensivierung eines schädlichen Flusses — hier der Reibung — erfolgt.

Ein weiterer verfahrenstechnischer Aspekt ist, daß durch Instabilitäten und dissipative Strukturen bei der Intensivierung von Verfahren Homogenitätsstörungen z. B. der Schichtdicke und der Zusammensetzung bei Beschichtungsverfahren in der Lackindustrie und bei Bild- und Tonaufzeichnungsverfahren auftreten, die die Qualität der Produkte verschlechtern oder eine Erhöhung der Arbeitsproduktivität begrenzen.

Die zusätzlichen energiedissipierenden Prozesse, die in diesem einfachen Falle letzten Endes einen beschleunigten Abbau vorhandener Potentialunterschiede der Umgebung des offenen Systems zugunsten einer Entropievergrößerung der Umgebung bewirken, sind Voraussetzungen für die hier interessierenden „dissipativen", d. h. Ungleichgewichtsstrukturen.

Vergleichen wir lineare und nichtlineare Prozesse bei konstanten Triebkräften, so arbeiten dissipative Strukturen wie „Katalysatoren" der Energiedissipation. Bei Kopplungen von mehreren dissipativen Strukturen gibt es jedoch auch Fälle, bei denen dieses „Energieverschwendungsprinzip" in sein Gegenteil verkehrt wird, wobei allerdings der sparsamste Fall bei linearen Zusammenhängen von Flüssen und Kräften nicht erreicht werden kann. Auch hier ergeben sich neben verfahrenstechnischen Fragestellungen besonders evolutionstheoretische Aspekte. „Kooperatives Verhalten" zweier dissipativer Strukturen unter Verminderung der zu ihrer Existenz notwendigen Energiedissipation bei konstanter Triebkraft erinnert an „symbiotisches" Verhalten, das neben einem Konkurrenzprinzip, das z. B. durch das sich Durchsetzen eines Systems mit größerer Energiedissipation charakterisiert sein kann, eine Rolle bei der biologischen Evolution spielt. Der geringe Spielraum für die Untersuchung der physikalischen Evolution, wie er bei Stoff-, Wärme- und Impulsausgleichsprozessen vorliegt, kann in thermodynamisch offenen chemischen Systemen wesentlich erweitert werden.

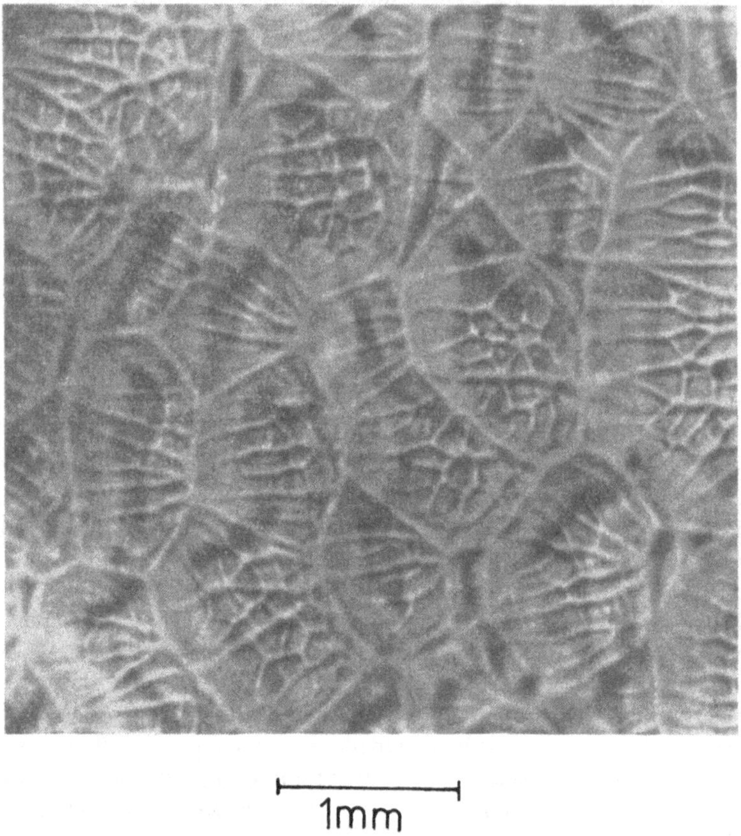

Abb. 5 Schlierenaufnahme senkrecht durch die Phasengrenze beim Stoffübergang in einem flüssig-flüssig-Zweiphasensystem bei Rollzelleninstabilität. Die Rollzellen 1. Ordnung (mit kleinster Zellgröße) als Unterstrukturen zeigen bei dieser Abbildung teilweise einmodales (Liniensysteme als Abbildung von Rollwalzen); zweimodales (rechtwinklig zueinander verlaufende Linien als Überlagerung zweier Rollwalzen) und dreimodales Verhalten (etwa hexagonale Rollzellen). Mit ihrer Triftbewegung vom Zentrum zur Peripherie bilden sie Rollzellen 2. Ordnung, die ihrerseits wieder triften und Rollzellen 3. Ordnung bilden können

Es ist zu erwarten, daß einige Grundgesetze auch einer physikalisch formulierten Evolutionstheorie sowohl im physikalisch-chemischen Bereich, in der Biologie und in der Gesellschaft einheitlich wirksam sind. Von dieser Voraussetzung gingen bereits Marx und Engels vor etwa 100 Jahren aus, was besonders aus dem genial vorweggenommenen Konzept der „Dialektik der Natur“ hervorgeht. Mit dem weiteren Ausbau der Evolutionsforschung wird die Zeit kommen, in der dieses unvollendete Werk im modernen Gewande eine Vertiefung und Untermauerung des Dialektischen Materialismus darstellen wird.

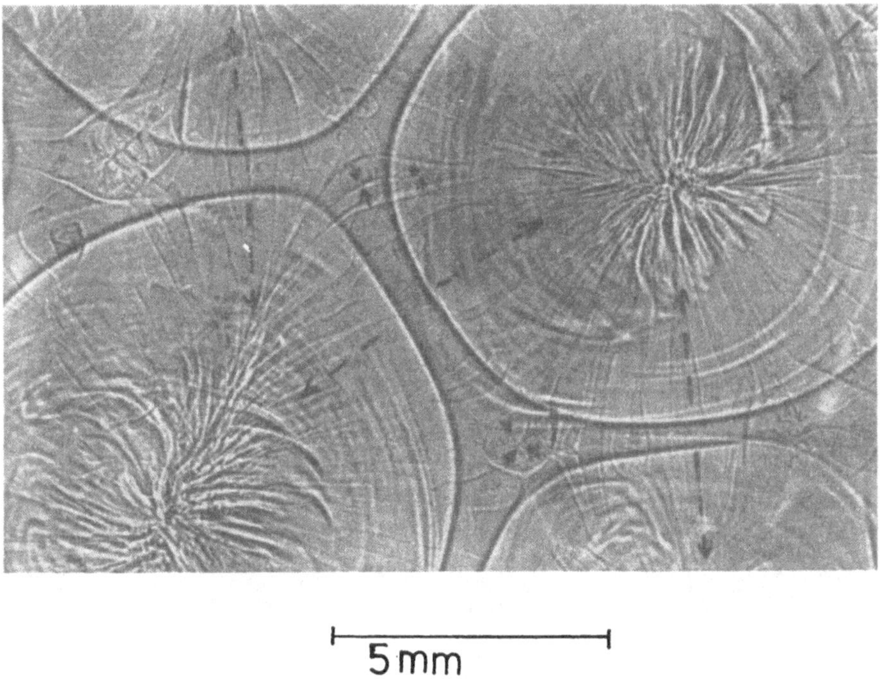

Abb. 6 Rollzellen 3. Ordnung mit Strömungsrichtung von der Peripherie zum Zentrum. Die Unterstrukturen sind bei dieser Einstellung nur andeutungsweise zu erkennen (Rollwalzen und Rollzellen 2. Ordnung ebenfalls mit umgekehrter Strömungsrichtung)

Bekannte hydrodynamische Beispiele für dissipative Strukturen sind neben dem hier ausführlicher behandelten Fall die Strömungsstrukturen durch eine stationäre instabile Dichteschichtung, die im kleinen Maßstab bei der sich abkühlenden Tasse heißen Kaffees, im großen Maßstab in Wolkensystemen und im kosmischen Maßstab bei den die Kontinentaldrift bedingenden Magmaströmungen der Erde und bei den Granula der Sonnenatmosphäre zu finden sind.

Wir befinden uns hier in dem in stürmischer Entwicklung befindlichen Gebiet der nichtlinearen Thermodynamik irreversibler Prozesse, das durch nichtlineare Beziehungen zwischen thermodynamischen Flüssen und Kräften gekennzeichnet ist und von dem ausgehend ein theoretischer Zugang zur Problematik der physikalischen Evolution und im weitergehenden grundlegenden Sinne auch zur biologischen Evolution besteht. Es ist nicht zufällig, daß Fließgleichgewichte und dissipative Strukturen definitionsmäßig nicht sehr einfach von lebenden Systemen abzugrenzen sind, was auf ihre evolutionstheoretischen Gemeinsamkeiten hinweist. Die unmittelbare Beziehung von dissipativen Strukturen und von derartigen Instabilitäten zur biologischen Morphogenese sowie zu den biologischen Erregungs- und Steuerungsprozessen ist inzwischen kaum mehr zu bestreiten.

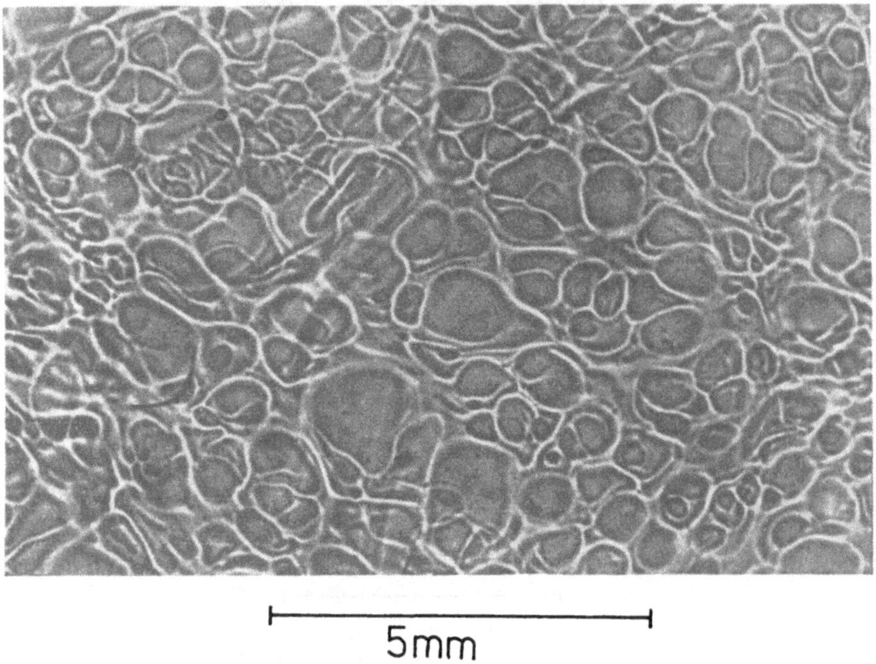

Abb. 7 Relaxationsschwingungen eines Rollzellensystems, die als örtlich und zeitlich unregelmäßig auf der Grenzfläche verteilte Spreitungen auftreten

Nach dem vorher Gesagten ist es selbstverständlich, daß beim Unterschreiten der betreffenden kritischen Bedingungen, d. h. bei einer Änderung der Systemparameter, die die notwendige Rückkopplung abbaut sowie bei Annäherung an das Gleichgewicht, alle diese dissipativen Strukturen aufhören zu existieren.

Ergänzend kann nur noch unvollständig auf das weitere Spektrum der Strömungsstrukturen bei dieser Instabilität aufmerksam gemacht werden: es gibt Rollzellen 1., 2. und 3. Ordnung, die als ineinander verschachtelte Überstrukturen auftreten (Abb. 5). Dabei können die Rollzellen bei größerer Instabilität auch eine umgekehrte Strömungsrichtung aufweisen als in Abb. 5 beschrieben, wie in Abb. 6 bei einer Rollzelle 3. Ordnung gezeigt wird. Die Rollzellen können eine Relaxationsschwingung durch einen zeitlich periodischen Zusammenbruch des diffusions- und konvektionsbedingten Nachlieferungssystems ausführen, wobei Spreitungsbewegungen meist unregelmäßig verteilt auf der Phasengrenzfläche auftreten (Abb. 7). Die Unregelmäßigkeit ist bei diesen lebhaften instationären Bewegungen durch damit verbundene Wirbelbildung bedingt. Bei größerem Vergrößerungsmaßstab und geeigneter Schlierenschärfeeinstellung läßt sich zeigen, daß Rollzellen 1. Ordnung als Unterstruktur mit der Spreitungsbewegung verbunden sind (Abb. 8). Bei bestimmten Bedingungen tritt in Übereinstimmung mit den Aussagen theoretischer Analysen und numerischer Rechnungen eine echte Oszillation der Phasengrenze mit zeitlich periodischen Dilatations- und Kompressionsbewegungen derselben auf, die als eine räumlich-zeitlich periodische dissipative Struktur angesprochen werden muß. Die stehende Oszillation (stehende Welle!) muß man sich vorstellen als eine Superposition von zwei, vier oder sechs rollzellenähnlichen Systemen, von denen je zwei mit Phasengeschwindigkeit, d. h. ohne die Grenzschicht selbst einer Triftbewegung wie bei eigentlichen Rollzellen zu unterwerfen, gegeneinander laufen. Abb. 9 zeigt das schematisch mit rollzellenähnlichen Strömungen unterhalb der Phasengrenze für drei zeitliche Phasen. Abb. 10 zeigt

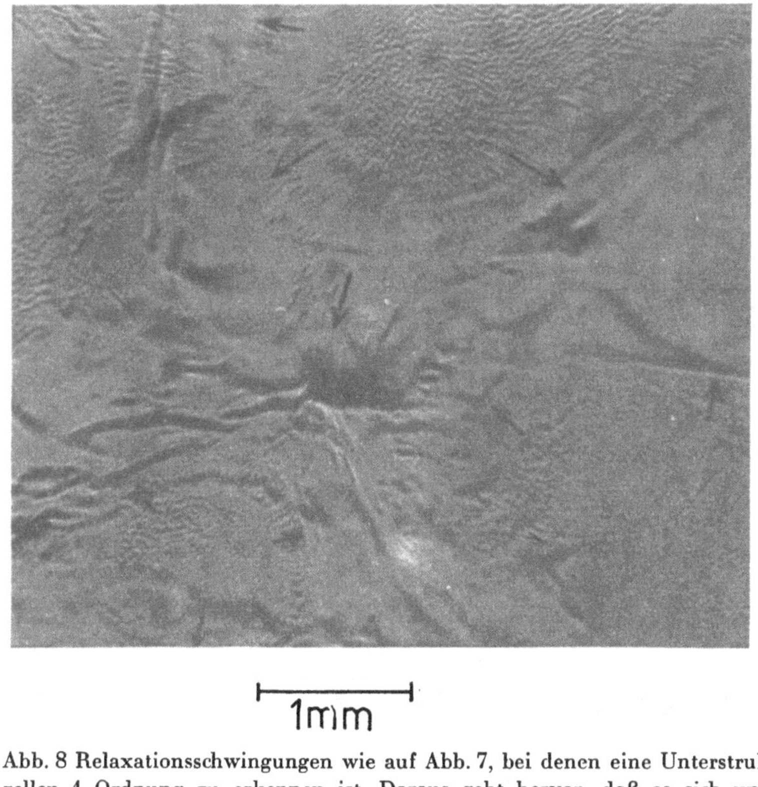

Abb. 8 Relaxationsschwingungen wie auf Abb. 7, bei denen eine Unterstruktur von Rollzellen 1. Ordnung zu erkennen ist. Daraus geht hervor, daß es sich um Relaxationsschwingungen von Rollzellen 2. Ordnung handelt

Schlierenaufnahmen einer ein-, zwei- und dreimodalen Oszillation. Selbst „laufende“ Oszillationen (laufende Wellen!) sind als nur in einer Richtung sich bewegende Linien nachweisbar. Bei der wellenanalogen Oszillation (zur Unterscheidung von Relaxationsschwingungen) sind Reflexion und Beugung der Oszillationslinien nachzuweisen. Auch die Koexistenz von Rollzellensystemen mit dieser Oszillation tritt bei bestimmten Bedingungen auf (Abb. 11).

Mit einem Schmalfilm wurde nach dieser Einführung ein direkter Überblick über die dissipativen Strukturen der Marangoni-Instabilität gegeben.

An dem Ausbau dieses Arbeitsgebietes sind insbesondere die Kollegen Dora Thiessen, Erwin Schwarz, Kurt Winkler, Klaus Löschcke, Peter Schwartz und Hermann Wilke beteiligt.

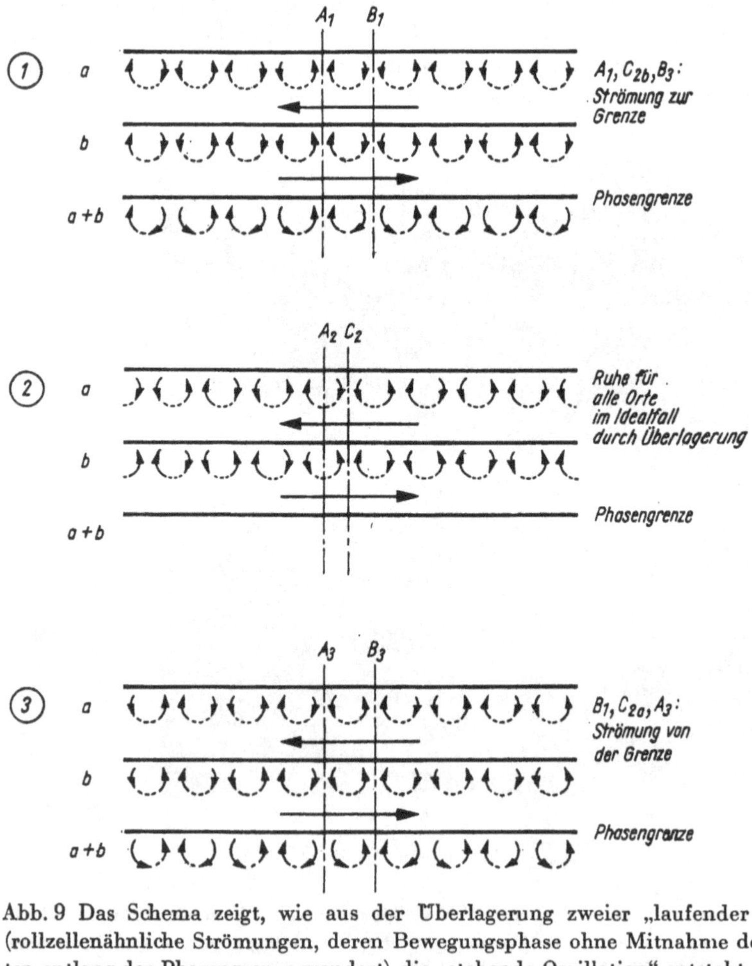

Abb. 9 Das Schema zeigt, wie aus der Überlagerung zweier „laufender Oszillationen“ (rollzellenähnliche Strömungen, deren Bewegungsphase ohne Mitnahme der Grenzschichten entlang der Phasengrenze wandert) die „stehende Oszillation“ entsteht

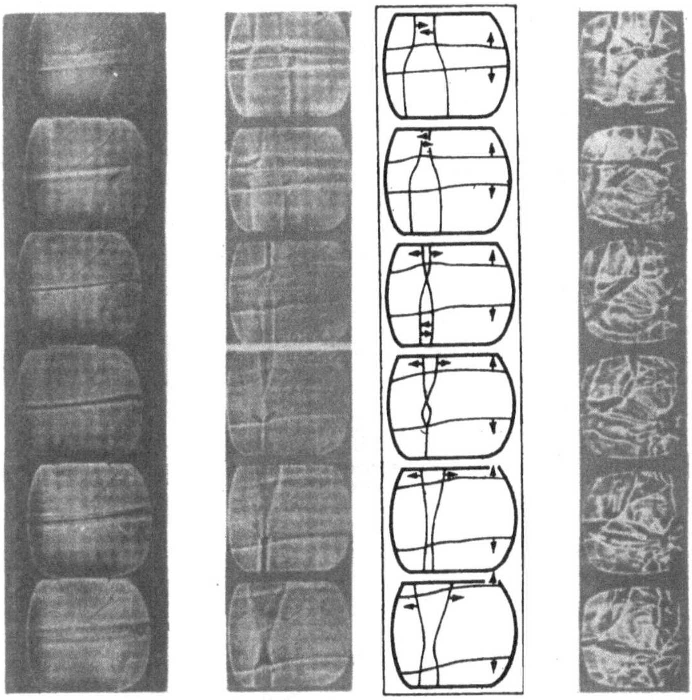

Abb. 10

System = $\frac{\text{Luft + Hexandampf}}{\text{Benzol}}$ $\frac{\text{Luft + Diäthylätherdampf}}{\text{Benzol}}$

Zeitdifferenz der einzelnen Bilder

1/2 s 1/6 s 1/6 s 1/6 s

Stehende Oszillation beim Stoffübergang aus der Gasphase in die Flüssigkeit: Je zwei mit Phasengeschwindigkeit gegeneinander laufende rollzellenähnliche Systeme (örtlich periodische Struktur) ergeben durch Superposition die zeitlich periodische Umkehr der Strömungsrichtung. In der Schlierenaufnahme senkrecht zur Phasengrenze sind die Orte mit einer Strömung senkrecht von der Grenze weg als Systeme von gegeneinander laufenden und sich durchdringenden Liniensystemen sichtbar

a) einmodale Oszillation bei geringer Instabilität

b) zweimodale Oszillation, die sich in einer quadratischen Küvette bei größerer Instabilität ausbildet mit Skizze der wandernden „Abströmlinien". (Im Untergrund sind bei a) und b) erschütterungsbedingte stehende Kapillarwellen als Störung sichtbar.)

c) dreimodale Oszillation bei großer Instabilität, die sich durch Wirbelbildung unregelmäßig ausbildet

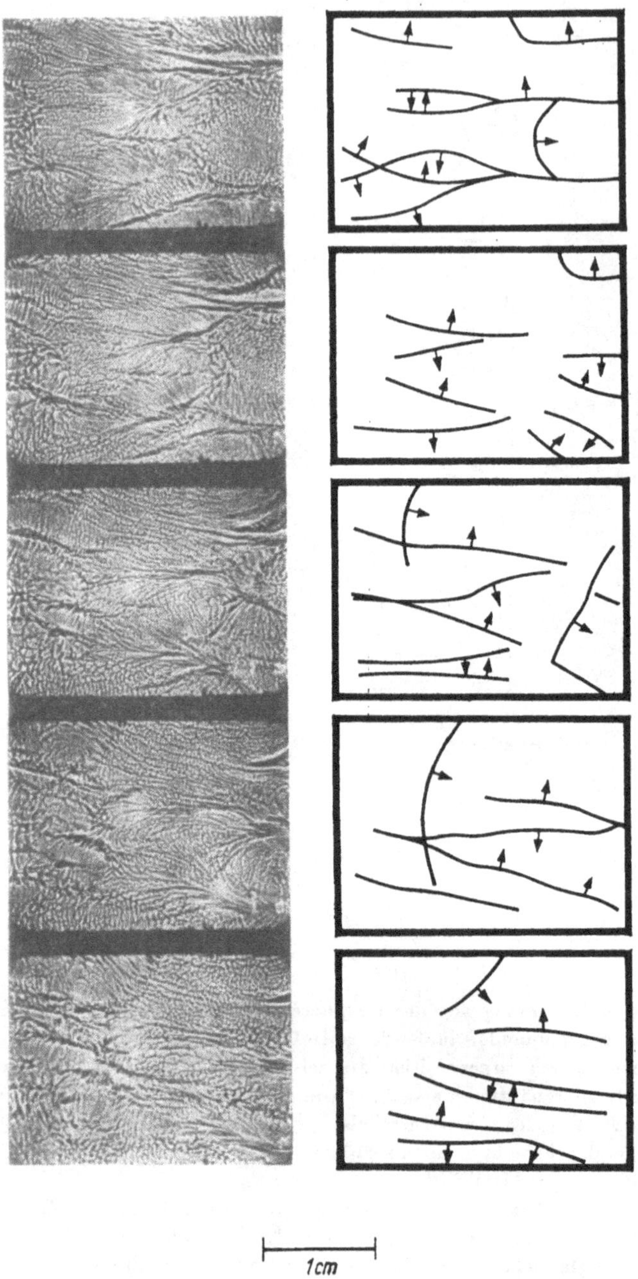

Abb. 11 Wellenanaloge Oszillation und Rollzellen zu gleicher Zeit an gleicher Stelle im System

$\frac{\text{Luft + Acetondampf}}{\text{Octan}}$ Zeitdifferenz zwischen den Bildern $^1/_6$ sec. Die Skizze gibt die Richtung der wandernden Abströmlinien an

Literatur

[1] STERNLING, C. V. und L. E. SCRIVEN, Hydrodynamic Instability and the Marangoni Effect A. I. Ch. E. J. 5, 514 (1959).

LINDE, H. und P. SCHWARTZ, Prinzipien der Grenzflächendynamik — ein neues Berechnungsmodell für den konvektiven Stoff- und Wärmeübergang über fluide Grenzen unter Berücksichtigung des Schubspannungsgleichgewichtes. „Grenzflächendynamische Oberflächenerneuerungsmodell" GOEM, Chem. Techn. 8/1974, S. 455.

H. LINDE, P. SCHWARTZ, Ein grenzflächendynamisches Oberflächenerneuerungsmodell — Ergebnisse für die Rollzellenströmungen der Marangoni-Instabilität und die erzwungene Konvektion unter dem Einfluß des Maragoni-Effektes, Depot-System Chem. Techn. 6/1978, S. 303.

WILKE, H., Zur Anwendung der SMAC-Methode bei der Behandlung hydrodynamischer, insbesondere grenzflächendynamischer Probleme. „Marangoni-Instibilität mit ebener Grenze" MIMEG, Chem. Techn. 8/1974, S. 456.

WILKE, H., Erweitertes vollständiges Modell zu MIMEG Depot-System Chem. Techn. 1977.

[2] H. LINDE, Dissipative Strukturen der Grenzflächendynamik, in: Dissipative Strukturen von KARIGH, E. und H. BESSERDICH, Fortschritte der exp. und theor. Biophysik, Bd. 21, VEB Georg Thieme, Leipzig 1977, mit weiterführender Literatur.

[3] PRIGOGINE, I. und PR. GLANSDORFF, Thermodynamic theory of structure, stability and fluctuations, Wiley-Interscience, London 1971.

EBELING, W., Strukturbildung bei irreversiblen Prozessen — Einführung in die Theorie dissipativer Strukturen, Teubner, Leipzig 1976.

Klaus Strenge

Stabilität und Koagulation disperser Systeme — 17 Jahre Kolloidchemie im Zentralinstitut für physikalische Chemie

In Deutschland, das in den 20er und 30er Jahren eine Hochburg der Kolloidchemie war, kam diese durch die Kriegs- und Nachkriegswirren fast völlig zum Erliegen.

Wahrscheinlich ist es der langjähigen Beschäftigung des Gründers und ersten Direktors des Instituts, Prof. Dr. Thiessen, mit der Kolloidchemie zu verdanken, daß bereits bald nach der Eröffnung des Instituts auch eine Abteilung für Kolloidchemie ins Leben gerufen wurde.

1960 begann der Aufbau dieser Forschungsrichtung durch Dr. Sonntag. Die Arbeiten wurden von Anfang an durch eine enge Kooperation mit den sowjetischen kolloidchemischen Schulen von Prof. Rehbinder und Prof. Derjaguin bestimmt.

Über diesen Einfluß hat vor genau 10 Jahren Prof. Sonntag in einem Sonderheft der AdW zum 50. Jahrestag der sozialistischen Oktoberrevolution ausführlich berichtet („Oktoberrevolution und Wissenschaft“, Akademie-Verlag Berlin 1967), so daß ich hier nicht weiter darauf einzugehen brauche. Daneben ist die enge Zusammenarbeit mit der bulgarischen Akademie der Wissenschaften, deren kolloidchemische Schule von Prof. Scheludko vertreten wird, mit der Eötvös-Loránd-Universität Budapest mit Prof. Wolfram, und schließlich das fruchtbare Zusammenwirken mit anderen kolloidchemischen Arbeitsgruppen in der DDR zu nennen. Diese Kontakte sind nie abgebrochen. Durch regelmäßige Absprachen werden Doppelarbeiten vermieden und kurz- und langfristige Forschungsstrategien festgelegt. Von den ersten Jahren an wurde stets auch der angewandten Forschung große Bedeutung gegeben. So wurden und werden Untersuchungen für so „alte“ Partner wie den VEB Chemische Werke Buna und den VEB Filmfabrik Wolfen durchgeführt, aber auch kurzfristige Verträge mit den VEB Chemische Werke Leuna, WF Berlin, Elektrokohle Lichtenberg und vielen anderen Betrieben erfolgreich erfüllt.

Aus diesem engen Kontakt mit den Produktionsbetrieben sind viele Impulse für weitere Forschungsaufgaben und Detaillösungen für die Industriepartner hervorgegangen.

An dem Schema der Abb. 1 soll nun kurz die Entwicklung der Arbeiten der Abt. Kolloidchemie dargelegt werden.

Ausgangspunkt der Arbeiten zur Stabilität disperser Systeme waren Versuche

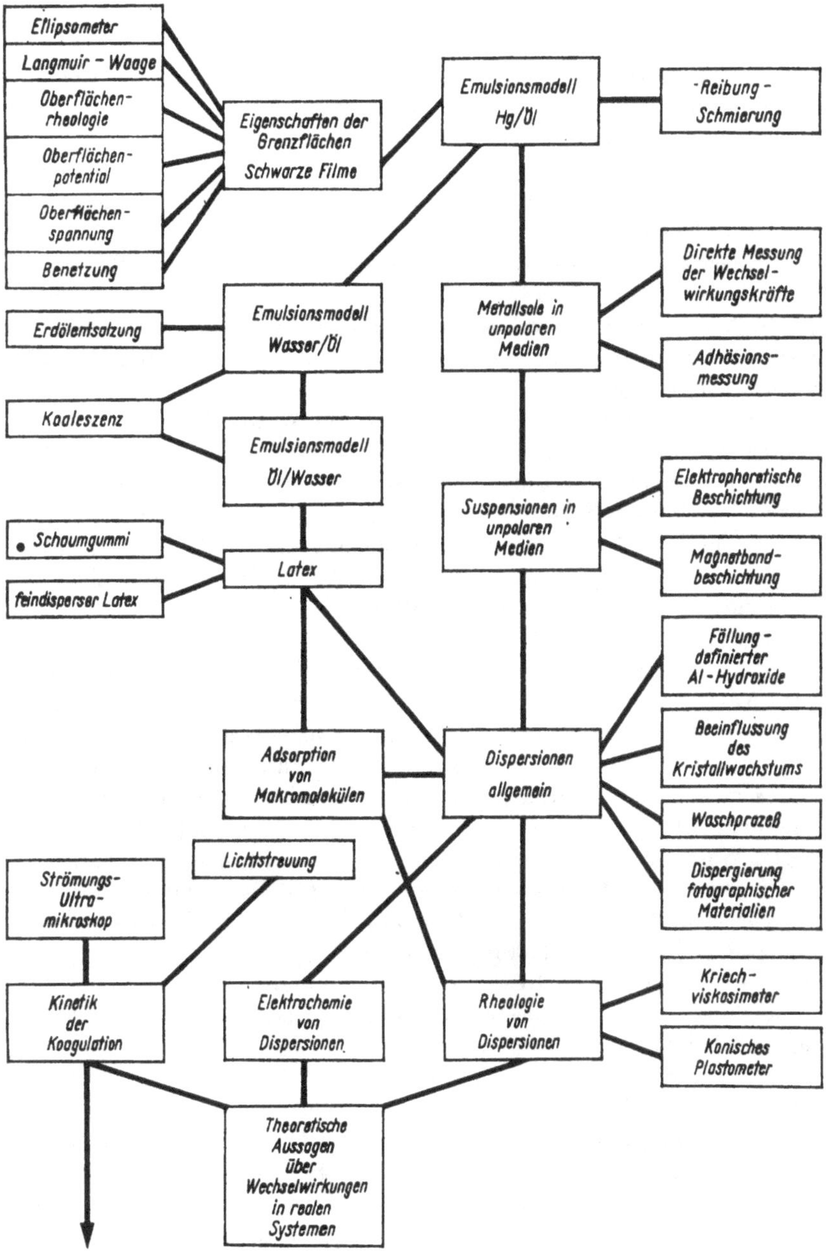
Ellipsometer
Langmuir - Waage
Oberflächen-rheologie
Oberflächen-potential
Oberflächen-spannung
Benetzung
Eigenschaften der Grenzflächen Schwarze Filme
Emulsionsmodell Hg/Öl
-Reibung - Schmierung
Direkte Messung der Wechsel-wirkungskräfte
Adhäsions-messung
Erdölentsalzung
Emulsionsmodell Wasser/Öl
Metallsole in unpolaren Medien
Koaleszenz
Emulsionsmodell Öl/Wasser
Suspensionen in unpolaren Medien
Elektrophoretische Beschichtung
Magnetband-beschichtung
Schaumgummi
feindisperser Latex
Latex
Fällung - definierter Al-Hydroxide
Beeinflussung des Kristallwachstums
Waschprozeß
Dispergierung fotographischer Materialien
Adsorption von Makromolekülen
Dispersionen allgemein
Lichtstreuung
Strömungs-Ultra-mikroskop
Kinetik der Koagulation
Elektrochemie von Dispersionen
Rheologie von Dispersionen
Kriech-viskosimeter
Konisches Plastometer
Theoretische Aussagen über Wechselwirkungen in realen Systemen

Abb. 1

am Modell für zwei Emulsionströpfchen im System Quecksilber/Öl. Daraus ergaben sich Aufgabenstellungen für Untersuchungen an Modellen für Wasser-in-Öl-(W/O)-Emulsionen, an Metallsolen in unpolaren Medien und für den Komplex Reibung und Schmierung (dieses Thema wurde nach einiger Zeit eingestellt, da es zu weit von der Hauptthematik wegführte).

Gleichzeitig wurde es notwendig, spezielle Eigenschaften der Grenzflächen zu untersuchen, wozu zahlreiche Methoden entwickelt oder übernommen werden mußten.

Bereits in dieser ersten Phase wurden einige grundlegende Begriffe der Stabilität erkannt, definiert und untersucht. Es wurde nachgewiesen, daß die Koagulation stets in den Teilschritten: Flockung (= Annäherung der Teilchen auf einen Gleichgewichtsabstand) und Koaleszenz (Zusammenfließen der Tropfen nach Zerreißen der Zwischenschicht) erfolgt.

Der Einfluß der Adsorption von Tensidmolekülen an den Phasengrenzen auf beide Teilschritte wurde untersucht, wobei Versuche über die Verdrängung eines wasser-in-öl-stabilisierenden Tensids durch ein öl-in-wasser-stabilisierendes zur Ausarbeitung einer Vorschrift zur Entwässerung von Roherdöl durch chemische Deemulgierung führten. Da bei weiterer Verdrängung des öllöslichen Tensids aus der Phasengrenze eine Phasenumkehr der Emulsion erfolgt, lag es nahe, auch die technisch ebenfalls sehr wichtigen Öl-in-Wasser-Emulsionen (O/W) im Modell zu untersuchen.

Bei den W/D-Emulsionen liegen als interpartikulare Wechselwirkung immer nur Van-der-Waals-Hamaker-Anziehungskräfte vor, so daß eine Stabilisierung nur durch Verhinderung der Koaleszenz möglich ist, d. h., durch sehr stabile monomolekulare Adsorptionsschichten eines Tensids oder durch dicke Schichten von Makromolekülen oder festen Partikeln, die die Teilchen auf einem Abstand halten, bei dem die thermische Energie größer ist als die Anziehungsenergie.

Ist dagegen Wasser das Dispersionsmedium, so kann sich beim Vorliegen elektrischer Ladungen an der Phasengrenze eine diffuse elektrische Doppelschicht ausbilden, die zur elektrostatischen Abstoßung zwischen den Teilchen führt. O/W-Emulsionen können daher auch flockungsstabil sein.

Ein spezielles Gebiet ist die Koaleszenz zweier unterschiedlicher Phasen, die sog. Heterokoaleszenz, die z. B. das Verhalten eines Ölfilms auf Wasser oder das Benetzungsverhalten bei festen Körpern beschreibt.

Als ein Übergangssystem von den Öl-in-Wasser O/W-Emulsionen zu Suspensionen können die Polymerdispersionen (Latices) angesehen werden, da bei ihnen die disperse Phase sowohl fest als auch (dick-)flüssig sein kann. Über die Latices und über Untersuchungen an Metallsolen kamen wir zur Behandlung der Dispersionen im allgemeinen, d. h., zu den Gemeinsamkeiten und Unterschieden von Emulsionen und Suspensionen. Bei O/W-Emulsionen erfolgt z. B. die Adsorption eines stabilisierenden Tensids relativ unspezifisch. Lediglich mit zunehmender Polarität der dispersen Phase fällt die adsorbierte Menge ab.

Bei den Feststoffdispersionen wird dagegen die Wechselwirkung: Tensid—Oberfläche sehr stoffspezifisch. Soll ein Tensid gut stabilisieren, so ist eine wichtige Forderung seine feste Bindung an der Oberfläche durch Chemisorption oder mindestens durch eine starke Wasserstoffbrückenbindung.

Für jeden technisch zu dispergierenden Stoff benötigt man daher neue Größen zur Charakterisierung. Diese Tatsache und der im Laufe der Zeit vollzogene Übergang von Modellen zu realen Dispersionen erforderte neue Wege der Untersuchung. So wurden Methoden zur rheologischen, spektroskopischen und elektrochemischen Charakterisierung von Dispersionen entwickelt und die Erforschung der Koagulationskinetik in das Arbeitsprogramm aufgenommen.

Eine Verstärkung der Grundlagenforschung auf dem Gebiet der Theorie soll dazu dienen, alle Kenntnisse, die bisher zur Verfügung stehen, theoretisch zu fundieren und neue Aufgabenstellungen daraus abzuleiten.

In der Kürze der Zeit ist es nicht möglich, auf alle Einzelheiten, speziell auf alle Arbeiten, die im Auftrag der Industrie durchgeführt wurden, einzugehen. Einige sind an den beiden Seiten des „Stammbaums" stichwortartig erwähnt. Es muß jedoch darauf hingewiesen werden, daß bisher kein Thema bearbeitet wurde, ohne daß dabei auch Fragestellungen der industriellen Praxis berücksichtigt wurden und daß einige Grundrichtungen unserer Arbeit auf direkte Impulse aus der angewandten Forschung zurückgehen.

Am Beispiel der Untersuchungen an Latice sollen einige derartige Wechselwirkungen zwischen Forschung und Praxis kurz skizziert werden. Auf Grund unserer Erfahrungen bei der Untersuchung von Emulsionen erhielten wir von unserem Vertragspartner (VEB Chemische Werke Buna) den Auftrag, die Emulsionspolymerisation so zu lenken, daß feindisperse Latices entstehen und die zur Stabilisierung verwendeten Tenside und Makromoleküle hinsichtlich ihrer Wirksamkeit zu charakterisieren. Die erste Forderung, Latices mit sehr kleinen Teilchen herzustellen, gelang uns prinzipiell durch die technische Anwendung des Prinzips der spontanen Emulgierung des Monomeren durch Stofftransport durch die Phasengrenze.

Die Erkenntnisse, die wir dabei erhielten, kamen uns später bei anderen Dispergierarbeiten wieder zugute.

Die zweite Forderung forcierte unsere Arbeiten zur Kriechdeformation von Dispersionen, führte zum Bau und zur Überführung eines eigenen Kriechviskosimeters, induzierte den Bau einer neuen Oberflächenwaage und die entsprechenden Messungen an Polymeroberflächenfilmen und förderte die theoretische und experimentelle Beschäftigung mit dem Verhalten von Makromolekülen an Phasengrenzen.

Aus diesen Arbeiten ergaben sich erneut wissenschaftliche Fragestellungen wie z. B. der Einfluß von makromolekularen Adsorptionsschichten auf das elektrochemische Verhalten von Dispersionen, der Einfluß der Adsorption auf die Adhäsion, das unterschiedliche Verhalten von mono- und polydispersen Dispersionen und vieles mehr.

Heute, 17 Jahre nach der Gründung der Abt. Kolloidchemie im ZIPC sind die

Ergebnisse der 15 Wissenschaftler (einschließlich der von der Industrie langfristig zu uns delegierten Kollegen) und der 11 Mitarbeiter anderer Qualifikation weltweit anerkannt und geschätzt.

Literatur

(Anstelle einer vollständigen Bibliographie der Arbeiten der Abt. Kolloidchemie sollen hier nur die wissenschaftlichen Abschlußarbeiten (Diplomarbeiten, Dissertationen) und Bücher zitiert werden, in denen die erwähnten Arbeitsgebiete jeweils zusammenfassend dargestellt sind).

H. Sonntag, *Habilitationsschrift,* TU Dresden 1963, „Die Wechselwirkungskräfte zwischen dispersen Teilchen und die physikalischen Eigenschaften grenzflächenaktiver Adsorptionsschichten im Zusammenhang mit der Beständigkeit disperser Systeme in apolaren Medien — untersucht an der Koaleszenz von Quecksilber".

H. Klare, *Dissertation,* Humboldt-Universität Berlin 1966, „Studien zur Flockungs- und Koaleszenzstabilität von Wasser-in-Öl-Emulsionen".

K. Strenge, *Diplomarbeit,* TU Dresden 1962, „Koagulationsuntersuchungen an feinverteilten Nickelsolen in apolaren Medien — Stabilisation durch grenzflächenaktive Stoffe."

Dissertation, Humboldt-Universität Berlin 1970, „Untersuchungen zur Stabilität von Dispersionen in unpolaren Medien".

Dissertation B, AdW der DDR, Berlin 1978, „Die Charakterisierung von Dispersionen — Theorie und Meßverfahren für das Verhalten der unzerstörten Struktur".

H. Lichtenfeld, *Dissertation,* AdW der DDR, Berlin (in Vorbereitung), „IR-spektroskopische Untersuchung der Adsorption von Tensiden an festen und flüssigen Phasengrenzflächen".

Ch. Fieber, *Dissertation,* AdW der DDR, Berlin 1978, „Theoretische Analyse der Kugelmethode zur Bestimmung von Grenzflächenspannungen."

N. Buske, *Dissertation,* Humboldt-Universität Berlin 1972, „Beiträge zur Stabilisierung von dispersen Dreiphasensystemen".

J. Netzel, *Dissertation,* Humboldt-Universität Berlin 1968, „Zur Flockungs- und Koaleszensstabilität von Öl-in-Wasser-Emulsionen".

K.-H. Rödel, *Dissertation,* Humboldt-Universität Berlin 1964, „Über die Bildungsbedingungen definierter Aluminiumhydroxide im Zusammenhang mit den reproduzierbaren chemischen und physikalischen Eigenschaften ihrer Temperprodukte".

Dissertation B, AdW der DDR, Berlin 1977, „Zur Anwendung optischer und spektroskopischer Methoden bei der Untersuchung von fluiden Phasengrenzen — zur Existens eines kooperativen Grenzflächenwassers an hydrophilen Phasengrenzen und dessen Bedeutung für die Eigenschaften von Phasengrenzen und kolloiden Dispersionen."

H. Pilgrimm, *Dissertation,* Humboldt-Universität Berlin 1978, „Untersuchungen über die Struktur und Potentialverteilung in der elektrochemischen Doppelschicht von oxidischen Teilchen in wässrigen Elektrolytlösungen".

H. Sonntag, K. Strenge, Stabilität und Koagulation disperser Systeme, VEB Deutscher Verlag der Wissenschaften, Berlin 1970.

H. Sonntag, Lehrbuch der Kolloidwissenschaft, VEB Deutscher Verlag der Wissenschaft, Berlin 1977.

Karsten Peter Thiessen

Energiedissipation in Festkörpern unter Einwirkung mechanischer Impulse

Seit 20 Jahren wird in unserem Institut, Bereich Grenzflächenmechanik, die Veränderung der Reaktivität von Festkörpern in Wechselwirkung mit der umgebenden Reaktionssphäre unter dem Einfluß mechanischer Energie untersucht. Hierbei wird die mechanische Energie vorzugsweise in Form von Impulsen zugeführt, wie dies bei realer Grenzreibung, spanabhebenden Prozessen, Zerkleinerungsprozessen und ähnlichen technischen Vorgängen der Fall ist. Derartige *tribochemische* Umsetzungen folgen häufig charakteristischen Regeln, die sie von „normalen" chemischen Umsetzungen unterscheiden. Hierbei ist festzustellen, daß tribochemische Reaktionen stets bestimmt ablaufen und daß „Paradoxa" gegenüber den Aussagen der klassischen Thermodynamik und Kinetik prinzipiell und immer auflösbar sind. [1]

Es ist nunmehr unsere Aufgabe, diese sehr komplizierten Vorgänge unter Hinzuziehung bekannter Gesetzmäßigkeiten zu verallgemeinern. Die größte Schwierigkeit ist hierbei die Erfassung der Wechselwirkung zwischen Mikro- und Makrovorgängen. Die an sich immer von Mikrovorgängen ausgehenden Prozesse ergeben in ihrer Aufsummierung, Überlagerung und Wechselwirkung ein Erscheinungsbild, das, von wenigen Ausnahmen abgesehen, nur makroskopisch in seiner Gesamtheit erfaßbar ist. Dies ist eines der größten „handicaps" unserer Arbeit.

Eines der Hauptprobleme ist die Frage nach der Dissipation mechanischer Energie, die dem System in Form von Impulsen zugeführt wird. Weiter steht die Frage nach den Mechanismen der Energie-Ausbreitung, die Frage nach der Umwandlung mechanischer Energie in chemisch nutzbare Energie. Sehr früh wurde versucht, durch Anwendung der Thermodynamik irreversibler Prozesse als phänomenologischer Wissenschaft des Kollektiv-Verhaltens der Materie einige verallgemeinerungsfähige Aussagen über Gesetzmäßigkeiten tribochemischer Prozesse zu erhalten. [4]

Ziel meines heutigen Vortrags soll es sein, in anschaulicher Weise den Stand der phänomenologischen Diskussion der Frage der Dissipation mechanischer Energie an einem Festkörper in chemisch reaktionsfähigen Medien darzustellen. Diese Darstellung ist ein kollektives Ergebnis bisher durchgeführter Arbeiten, die vorzugsweise im Bereich Grenzflächenmechanik unseres Instituts durchgeführt worden sind.

Ausgehend von der ursprünglichen Konzeption des Magma-Plasma-Modells, [1] die ich als bekannt voraussetze, ist es zweckmäßig, die Energetik tribochemischer Prozesse in einer „Hierarchie" der Energie-„Zustände" bei räumlicher und zeitlicher Dissipation der dem System auf mechanischem Wege zugeführten Energie zu systematisieren.

Triboplasmen

Die höchste Stufe dieser Hierarchie sind die Triboplasmen. Triboplasmen haben ihre Ursache in einem extrem kurzlebigen Energiestau von 10^{-11} bis 10^{-7} s, [1, 2, 5] hervorgerufen durch die endliche Fortpflanzungsgeschwindigkeit von Störungen im realen Diskontinuum, und umfassen nur submikroskopische Gitterbereiche. Triboplasmen werden charakterisiert durch ein extrem gestörtes (zerstörtes) Festkörpergefüge sowie instationäre hochangeregte Bruchstücke des Festkörpers und des umgebenden chemischen Reaktionsmediums. Das Reaktionsmedium liegt durch Ad- und Absorption in den Mikroreaktionsräumen der Phasengrenzschicht in höherer Konzentration vor. [4, 5, 6, 7, 8] Aufgrund der extremen Kurzlebigkeit der Triboplasmen wird die Maxwell-Boltzmann-Verteilung nicht erfüllt. Die stofflichen Umsätze sind rein ***stochastischer*** Natur. In diesem Stadium der Energiedissipation sind thermodynamische Betrachtungen unzulässig.

Es kann vorausgesetzt werden, daß im Stadium der Triboplasmen zahlreiche Emissionserscheinungen sowie Materialübergänge und Phasenneubildungen zu erwarten sind. Jedoch lassen die unter mechanischer Bearbeitung beobachtete Emission von Ionen und freien Elektronen, [9, 10, 11] die Ablösung von Gitterbausteinen, [5] Photonenemission, [7, 12] Phasenneubildungen [13] sowie Materialübergänge zwischen Werkzeug und bearbeiteter Fläche [13, 14, 15] noch keinen eindeutigen Rückschluß auf die Existenz von Triboplasmen zu.

Bei der Exoelektronenemission werden z. B. Zusammenhänge mit Haftstellenthermen des Festkörpers gefunden und es wird angenommen, daß die Elektronen durch Wechselwirkung mit den Gitterstörungen angeregt werden. [16] Weiterhin wurde gezeigt, [17] daß der größte Teil der während der mechanischen Bearbeitung emittierten Elektronen aus Haftstellen kommt. Es konnte festgestellt werden, [18] daß bei der mechanischen Bearbeitung von Festkörpern V_k-Zentren entstehen, die bei ihrem Zerfall zur Emission von Ionen aus dem Festkörper führen. Die Erzeugung dieser Zentren erfolgt über die Gitterdeformation. Nach Derjagin [11] werden durch aktive Zentren emittierte Elektronen hoher Energie durch Beschleunigung in Mikrofeldern hoher Feldstärke (10^7 Vcm^{-1}) hervorgerufen, die bei der Ablösung von Adhäsionskontakten bzw. bei der Trennung von Bruchflächen bei Isolatoren entstehen.

Die Feststellung eines analogen Spektrums von Reaktionsprodukten bei Gasentladungsplasmen und tribochemischen Reaktionen [19] läßt darauf schließen, daß eine Reihe von Gasentladungsvorgängen bei der mechanischen Bearbeitung von Festkörpern ablaufen. Tatsächlich konnten Gasentladungsplasmen bei fräsender Bearbeitung von Alkalihalogenidkristallen experimentell nachgewiesen werden. [9]

Auf der anderen Seite konnte festgestellt werden, daß die Entstehung von Ammoniak aus den Elementen auf tribochemischen Wege [5] sowie die Synthese der gleichen Verbindung durch Anregung eines Gemisches aus Stickstoff und Wasserstoff in einem elektrischen Funkenplasma [20] eindeutig das Vorhandensein stochastischer Prozesse im Geflecht tribochemischer Umsetzungen erkennen läßt. Auch der Ablauf einiger tribochemischer Reaktionen mit extrem hoher negativer Affinität (> 2 eV Val^{-1}) [7] ist nicht durch (irreversible) thermodynamische Vorgänge zu erklären. Hierzu wäre Voraussetzung eine Kopplung mit einer gleichzeitig im gleichen System ablaufenden Reaktion (oder Summe von Reaktionen), die eine um ein *Vielfaches* höhere *positive* Affinität aufweist. Solche Reaktionen sind unter den gegebenen Bedingungen nicht möglich.

Die letztgenannten Effekte sowie das häufig experimentell beobachtete gleichzeitige Auftreten mehrerer der erstgenannten Einzelerscheinungen läßt die Existenz der Triboplasmen heute als gesichert erscheinen.

Relaxation höchstangeregter „Zustände". Postplasma und Randplasma

Die höchste Stufe der Energie-Dissipation geht dynamisch in die nächste Stufe über, die durch die Relaxation der Plasma-„Zustände" oder Rekombination der Plasmaprodukte gekennzeichnet ist und in das Stadium überleitet, das als Post- oder Randplasma (auf die zeitliche und räumliche Energie-Dissipation bezogen) bezeichnet werden kann. Die Rekombination der Plasmaprodukte stellt eine notwendige Folge der kontinuierlichen energetischen Abkühlung des Systems dar. Die mit großem Energiegewinn, Reaktionsquerschnitt und Entropiefluß ablaufenden Rekombinationsprozesse üben eine wichtige Funktion aus. Sie erzeugen einen großen Teil chemisch nutzbarer Energie des Post- und Randplasmas. Sie stellten somit einen maßgeblichen *Transformator mechanischer Energie in chemisch nutzbare Energie dar.*

In dem Terminus „chemisch nutzbare Energie" ist auch die anfallende Reaktionswärme der Rekombinationsprozesse inbegriffen. Diese kann sich durchaus in kurzzeitigen (10^{-3} bis 10^{-4} s) Temperaturspitzen bis etwa 1000 °C äußern. [21, 22] Das auftreten dieser „hot spots" sollte demzufolge nicht als Alternative zum Magma-Plasma-Modell aufgefaßt werden, sondern als dessen Folgerung. [23] Wenngleich die dargestellten Betrachtungen über den Mechanismus tribochemischer Reaktionen klar aufzeigen, daß eine thermische Deutung derselben absolut unzureichend ist, so ist doch ein Anteil thermischer Reaktionen im gesamten Geflecht tribochemischer Reaktionen nicht auszuschließen.

Die Stufe des Post- oder Randplasmas ist der Energiebereich, der „Zustände" beschreibt, die eine größere Lebensdauer und größere räumliche Ausdehnung (bis in mikroskopische Bereiche) besitzen. Hierbei kommt es zur Erzeugung und Wanderung von Versetzungen, zur Bildung von Stapelfehlern und Gitterlücken. [24]

Bei den Vorgängen im Post- oder Randplasma oder in der „Lockerzone“ [1] kann vorausgesetzt werden, daß die Vorgänge (chemische Reaktionen und Phasenumwandlungen) hinreichend langsam verlaufen, so daß die Gleichgewichtsverteilung der Energie auf die Moleküle kaum gestört wird. Unter diesen Bedingungen kann nach PRIGOGINE und DEFAY [25] die thermodynamische Definition der Entropie angewendet werden. Die Thermodynamik irreversibler Prozesse sollte deshalb in der Lage sein, die Vorgänge im Post- oder Randplasma im Zusammenhang mit den Rekombinationsreaktionen zu beschreiben.

Analysiert man die Vorgänge in dieser Stufe der Energiedissipation mit Hilfe der Thermodynamik irreversibler Prozesse unter Verwendung der Lehren von PRIGOGINE, GLANSDORFF, DE GROOT und MAZUR, so ergibt sich z. Z. folgendes Bild [4, 26, 27]:

1. Das thermodynamisch erfaßbare Reaktionssystem ist ein *offenes* System, dem aus der „black-box“ der stochastisch ablaufenden höchstangeregten Primärprozesse ein ständiger Strom an Materie und Energie zugeführt wird.

2. Unter Einfluß des Entropieflusses der Rekombination der Plasmaprodukte im Rahmen der Relaxation der höchstangeregten Zustände können unter thermodynamischer Kopplung auch Reaktionen unter Entropie-Verbrauch mit negativer Affinität ablaufen. Die Gesamtentropiebilanz ist dabei weiterhin positiv. Derartige Reaktionen wurden sowohl im System Festkörper /Gas [4] als auch im System Metall /Elektrolyt nachgewiesen. [3]

3. Die aus der Literatur bekannten sogenannten „tribochemischen Gleichgewichte“ [4] sind exakt als stationäre Zustände n-ter Ordnung zu definieren. Unter Konstanthaltung von n (im einzelnen unbekannten) Triebkräften verschwinden nämlich die Umsatzgeschwindigkeiten der $(n + 1)$-ten Reaktionen. Diese stationären Zustände folgen in gesetzmäßiger Weise, wie auch experimentell bewiesen wurde, dem Prinzip des kleinsten Zwanges von LE CHATELIER-BROWN.

Eine wichtige Aufgabe im Rahmen der thermodynamischen Betrachtung tribochemischer Reaktionen wäre die Aufstellung bzw. Vervollkommnung von Geschwindigkeits/Affinitätsbeziehungen, der Ausgleich experimenteller Werte nach diesen Beziehungen und somit die Gewinnung von Kenndaten, die die makorskopische Auswirkung der Energiedissipation auf das untersuchte System quantitativ charakterisieren.

Eine weitere wichtige Aufgabe wäre es, unter Einbeziehung der dargestellten Betrachtungen, die im Falle „tribochemischer Gleichgewichte“ experimentell aufgefundene Abweichung vom GIBBS'schen Phasengesetz [4] zu analysieren und richtig zu stellen.

Es ist zu erwarten, daß die phänomenologische thermodynamische Analyse einer Summe von Kollektiv-Effekten eine der Möglichkeiten der Untersuchung tribochemischer Reaktionen darstellt, die die Ergebnisse von Experimenten verallgemeinern kann und danach gezielte Vorhersagen zuläßt.

Im Stadium des Post- und Randplasmas werden die Produkte der Triboplasmen nach erfolgter Rekombination aufgefangen und, bedingt durch die wesentlich höhere Lebensdauer, „verarbeitet“. Demzufolge kommt diesem Stadium eine entscheidende Bedeutung für die „Steuerung“ tribochemischer Prozesse zu.

Mechanisch aktivierte Reaktionen

Als letzte Stufe der Hierarchie der Energiedissipation ist die der *Annäherung an das thermostatische Gleichgewicht* des Systems zu betrachten. Während die höheren Stufen ausschließlich *während* der mechanischen Bearbeitung erreicht werden können, stellt die letzte Stufe den „Zustand“ *nach* Abschluß der mechanischen Bearbeitung dar. Reaktionen in dieser Stufe werden meist als „mechanisch aktivierte Festkörperreaktionen“ bezeichnet. Relativ hohe Beiträge an überschüssiger freier Energie (Größenordnung kcal) können im System langzeitig „eingefroren“ sein, vorzugsweise in Form von Gitterdefekten. [28] Dadurch zeichnet sich das System durch eine gegenüber dem Grundzustand erhöhte integrale Reaktivität aus. Diese ist *nicht nur* auf die Wirkung von Dispersionsvorgängen und Frischflächenbildung zurückzuführen und ist weitgehend von der Vorgeschichte der mechanischen Vorbehandlung abhängig. [29, 30, 31] Ein stark gestörter Festkörper mit „eingefrorener“ überschüssige freie Energie ist nicht im thermostatischen Gleichgewicht. Der Abbau der überschüssigen freien Energie erfolgt zwar in der Regel langsam, ist jedoch streng irreversibel. Durch die geringe Geschwindigkeit des Abbaus der überschüssigen freien Energie kommt es zu einer Kette von Ungleichsgewichtszuständen, die eine befriedigende Annäherung durch die Verwendung thermostatischer Gesetzmäßigkeiten erlauben. [32]

Die dargestellte Hierarchie der Energie-„Zustände“ wird unserer Meinung nach in allen Fällen der Grenzreibungs- und Impaktbeanspruchung vollständig durchlaufen, unabhängig davon, welcher Teilbereich der Hierarchie das Reaktionsgeschehen äußerlich erkennbar prägt, d. h. unabhängig von dem Nachweis einzelner (oder sämtlicher) Prozeßstufen der Energiedissipation in der Palette der Reaktionsprodukte oder durch besondere physikalische oder physikalisch-chemische Erscheinungen.

In den voraufgegangenen Betrachtungen wurde die Problematik und erste Ansatzpunkte einer phänomenologischen energetischen Analyse chemischer Reaktionen im System Festkörper/Reaktionsmedium unter Einwirkung mechanischer Impulse dargestellt. Die sich hieraus ergebenden Erkenntnisse sollten systematisch weiterentwickelt werden und harmonisch mit den Ergebnissen experimenteller Untersuchungen einzelner Stoffsysteme sowie der modellmäßigen Untersuchung der elementaren Einzeleffekte zusammenfließen und damit zur Aufstellung einer zusammenhängenden Theorie tribochemischer Prozesse beitragen.

Literatur

[1] Thiessen, P. A., Heinicke, G. und K. Meyer, Umsetzungen während der mechanischen Aktivierung von Festkörpern (Tribochemie), in: Festkörperchemie, herausgegeben von V. Boldyrev und K. Meyer, Leipzig, 1973.

[2] Martyschew, Ju. N. Beljajew, L. M. Jaschin, Ju. Ja., Acta Physica Akademie Scintarium Hungarical, 33 (1973), 307 Butjagin, P. Ju.: Allunionssymp. akt. Festkörper. Oberfl., Tartu 1974.
[3] Thiessen, K. P., Pinkowski, A. und W. Siegling, Kurzreferate VI. Symp. Mechanoemission Mechanochemie, 10, Berlin 1977.
[4] Sigrist, K., Diss. Humboldt-Universität Berlin 1967.
[5] Thiessen, P. A., Meyer, K. und G. Heinicke, Grundlagen der Tribochemie Abh. Akad. Wiss. zu Berlin, Kl. f. Chemie, Geol. und Biol. Nr. 1 (1966) Berlin.
[6] Spangenberg, H. J., Mber. Dtsch. Akad. Wiss. Berlin 13 (1971), 130.
[7] Schober, E. P., Diss. Humboldt-Universität Berlin 1970.
[8] Hennig, H. P., Diss. Humboldt-Universität Berlin 1970 z. Chem. 11 (1971) 193.
[9] Meyer, K., und M. Rossberg, Z. Chem. 11 (1971) 202.
[10] Linke, E., Z. angew. Phys. 29 (1970) 241.
[11] Derjagin, B. W., Krotowa, N. A. und W. P. Smilga, Adhäsion von Festkörpern, (russ.) Moskau 1973.
[12] Meyer, K., Obrikat, P. und M. Rossberg, Kristall und Technik 5 (1970), 5 und 181.
[13] Thiessen, K. P., Mber. Dsch. Akad. Wiss. Berlin 13 (1971) 46.
[14] Thiessen, K. P., Z. Chem. 14 (1974) 135.
[15] Bekker, M. S., Gordon, M. B. und N. R. Losjewa, Mat. V. Allunionssymp. Mechanoemission und Mechanochemie fester Körper, II. 56, Tallinn 1977.
[16] Bohun, A., Phys. stat. sol. 3 (1963) 779.
[17] Wollbrandt, J., Diss. AdW der DDR, Berlin, 1973.
[18] Hoffmann, K., Diss. AdW der DDR, Berlin, 1975.
[19] Spangenberg, H. J., Mitt. Chem. Ges. 22 (1975), 10.
[20] Thiessen, P. A., Haase, G., Altnau, H., Pusch, Ch. und D. Florek, Kurzreferate VI. Symp. Mechanoemission Mechanochemie 45, Berlin 1977.
[21] Bowden, F. P. und D. Tabor, Reibung und Schmierung fester Körper, Berlin 1959.
[22] Knappwost, A., Schmiertechnik und Tribologie 17 (1970) 166.
[23] Thiessen, K. P., Proceedings of First European Tribology Congress Eurotrib 73, London.
[24] Thiessen, P. A., Z. Chem. 5 (1965) 162.
[25] Prigonine, J. und R. Defay, Chemische Thermodynamik, Leipzig 1962.
[26] Thiessen, K. P. und K. Sieber, Thesen der Vorträge des V. Allunionssymp. Mechanoemission Mechanochemie fester Körper, Tallinn 1975.
[27] Thiessen, K. P. und K. Sieber, Z. Phys. Chem. i. Druck.
[28] Heinicke, G. und H. Harenz, Z. Chem. 8 (1968) 34.
[29] Paudert, R., Schuster, G., Beyer, S., Heinicke, G. und U. Steinike, Chem. Techn. 22 (1970) 739.
[30] Steinike, U., Kurzreferate VI. Symp. Mechanoemission Mechanochemie, 9, Berlin 1977.
[31] Distler, G. I., Kurzreferate VI. Symp. Mechanoemission Mechanochemie, 9, Berlin 1977.
[32] Schrader, R. und B. Hoffmann, Änderung der Reaktionsfähigkeit von Festkörpern durch vorhergehende mechanische Bearbeitung, in: Festkörper-Chemie, herausgegeben von Boldyrev und K. Meyer, Leipzig, 1973.

Romann Paudert

Der mechanische Aufschluß von apatitischen Rohphosphaten mit dem Ziel der Herstellung eines P-Düngemittels

Vom Vorhandensein der Phosphate im Boden werden das Wachstum der Pflanzen, der Reifeprozeß sowie die Synthese der Kohlenhydrate und Eiweißverbindungen bestimmt. Ohne Phosphorsäure wird kein Chlorophyll gebildet und die Kohlensäureassimilation gehemmt. Auch die Bodenbakterien benötigen für ihre Lebensvorgänge Phosphor.

In der Natur kommt Phosphor hauptsächlich in seiner thermodynamisch stabilsten Form als Fluor-, Hydroxyl- und Carbonatapatit bzw. in entsprechenden isomorphen Mischungen vor. Diese Apatite der allgemeinen Formel $Ca_{10}(PO_4)_6X_2$ sind selbst in Säuren und Laugen schwer löslich und zeigen keine Wasserlöslichkeit. Ohne Zweifel geht die Schwerlöslichkeit der Apatite auf physikalisch chemische Eigenschaften seiner Kristallstruktur zurück. Deshalb kommt es bei der Herstellung von Düngemitteln darauf an, die Apatitstruktur zu zerstören. Dieses Ziel wird in klassischer Weise dadurch erreicht, daß Apatite mit Schwefelsäure zu Superphosphat aufgeschlossen werden, wobei hauptsächlich Monocalciumphosphat $Ca(H_2PO_4)_2 \cdot H_2O$ und düngeunwirksames Calciumsulfat entstehen. Der wasserlösliche Monocalciumphosphatanteil sichert eine gute Startwirkung für das Wachstum der Pflanzen, er unterliegt jedoch im Boden innerhalb weniger Tage einer Rückverwandlung in schwerlösliche Phosphate [1] und letztlich einer Festlegung in apatitische Formen. [2] Die P-Ausnutzung durch die Pflanzen in einer Vegetationsperiode wird mit 10—20% angegeben [3] und im langjährigen Mittel beträgt sie 50—60%. [4, 5]

Warum also wird dieser hohe ökonomische Aufwand beim Aufschluß der Apatite betrieben? Dies gilt nicht nur für den naßchemischen Aufschluß mit Schwefelsäure, sondern in gleichem Maße für den thermischen Aufschluß der Apatite mit Soda und Sand bei etwa 1200 °C im Drehrohrofen zu Alkalisinterphosphat (ASP).

Wir haben uns das Ziel gesetzt zu prüfen, ob man den klassischen chemischen bzw. auch thermischen Aufschluß der Apatite durch einen mechanischen Aufschluß ersetzen kann. Am Beispiel von magmatischem Kolaapatit (Fluorapatit) und sedimentärem Marokkophosphat (Carbonat-Fluorapatit) wurde deshalb der Einfluß einer mechanischen Aktivierung auf die Lösbarkeit und die Pflanzenverfügbarkeit untersucht.

Gestatten Sie mir dazu im Folgenden einige Ausführungen. Es sollen dabei weniger die Grundlagenuntersuchungen als vielmehr anwendungstechnische Gesichtspunkte im Vordergrund stehen.

1. Zur veränderten Lösbarkeit mechanisch aktivierter Apatite

Rohphosphate lassen sich nach ihrem Löseverhalten in 2%iger Citronensäure (C) bewerten. Während beim Kolaapatit die Lösbarkeit des P_2O_5-Anteils etwa 7% beträgt liegt diese beim Marokkophosphat bei etwa 25% (Abb. 1). Unterzieht man diese Apatite einer mechanischen Aktivierung in einer Schwingmühle und variiert die Aktivierungsdauer, kommt es zu einer Zunahme der Lösbarkeit.

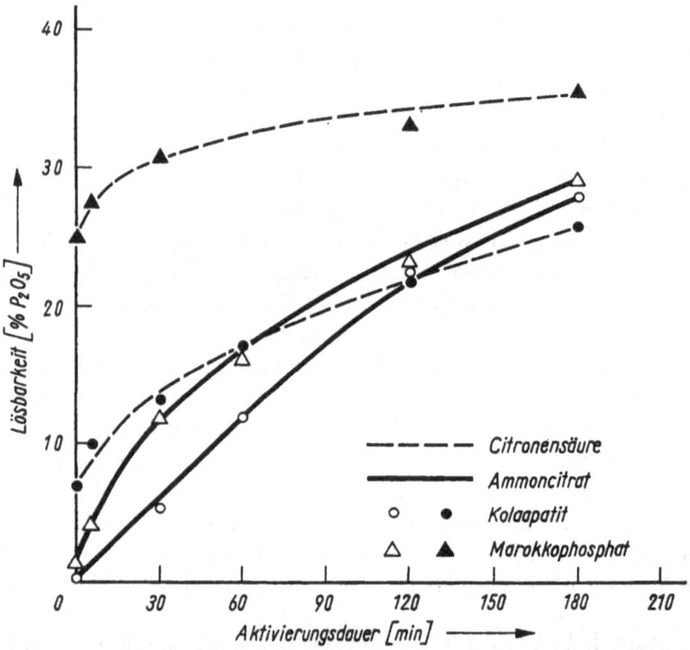

Abb. 1 Abhängigkeit der Citronensäure- bzw. Ammoncitratlösbarkeit von Kolaapatit und Marokkophosphat von der Aktivierungsdauer

Auch die Lösbarkeit in alkalischer Ammoncitratlösung (AC), bekannt als Standard zur Bewertung sekundärer Calciumphosphate, steigt an. Insbesondere wegen der geringen AC-Lösbarkeit der nichtaktivierten Apatite und der kontinuierlichen Zunahme der Lösbarkeit auch bei längerer Aktivierungsdauer wurde die AC-Lösbarkeit als Maß für die Aktivierung, d. h. zur Charakterisierung des Aktivierungsgrades, benutzt.

Die Lösungsmittelbehandlung wird entsprechend dem Standard nach bestimmten Zeiten vor der Erreichung des Gleichgewichtszustandes abgebrochen, deshalb sprechen wir von Lösbarkeit.

Deutlich wird dies in Abb. 2, wo die Lösungsmittelbehandlung mehrfach wiederholt wurde. Die Lösbarkeiten von Kolaapatit zwei verschiedener Aktivierungsstufen (A und B) sind mit nichtaktiviertem Kolaapatit (C) verglichen. Der erste Extraktionsschritt wird entsprechend dem Standard als Ammoncitratlösbarkeit ausgewiesen. Dieser Wert spiegelt jedoch das durch die mechanische Aktivierung veränderte Löseverhalten nur unvollständig wider, denn nach 5 Extraktionsschritten sind Lösbarkeiten von 70 bzw. 95% erreicht, während der nichtaktivierte Kolaapatit nur eine geringfügige Zunahme zeigt.

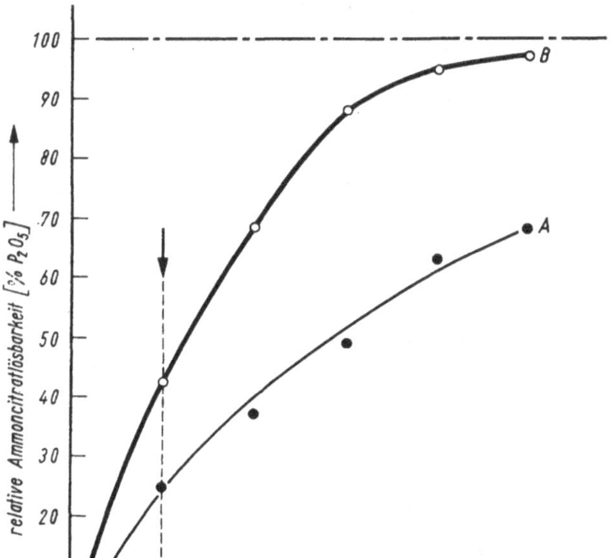

Abb. 2 Integrale Darstellung der alkalischen Ammoncitratlösbarkeit von unterschiedlich aktiviertem Kolaapatit (A und B) im Vergleich zum nichtaktivierten Kolaapatit (C) nach mehrfacher Lösungsmittelbehandlung

Die Lösbarkeit der Apatite läßt sich durch Dauer und Intensität der Aktivierung innerhalb weiter Grenzen variieren. [6] Die veränderten Löseverhältnisse führen zu einer ausgeprägten Erhöhung der Anfangslösegeschwindigkeit. In Abb. 3 sind die Ammoncitratlösbarkeiten für verschiedene Aktivierungsstufen (unterschiedliche Aktivierungsdauer) in Abhängigkeit von der Lösezeit dargestellt. Man erkennt be-

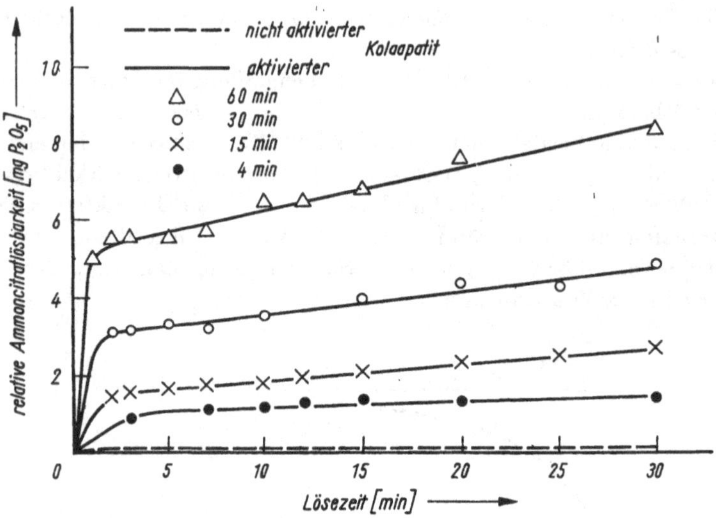

Abb. 3 Einfluß des Aktivierungsgrades auf die Lösbarkeit von Kolaapatit in alkalischer Ammoncitratlösung

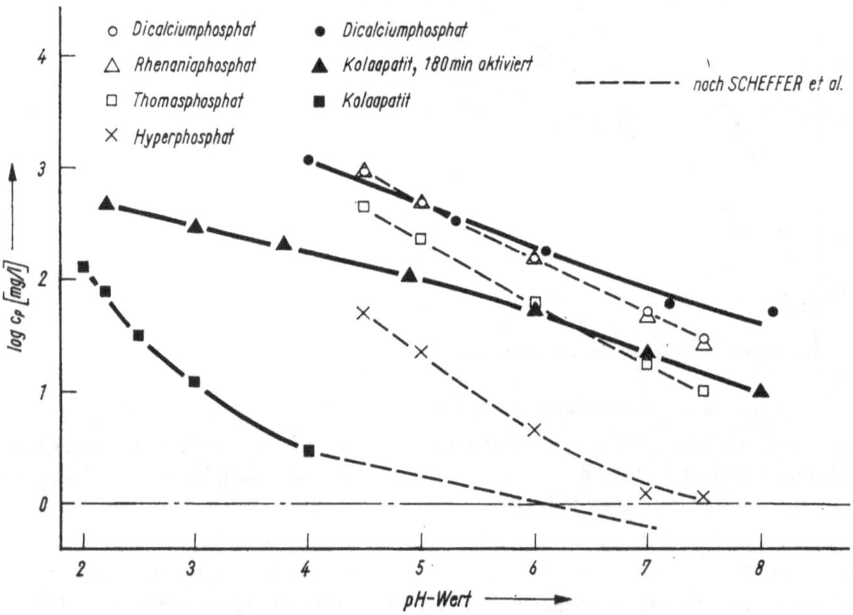

Abb. 4 Vergleich der Löslichkeit einiger Phosphordünger nach Scheffer, Ulrich und Fassbender (— — —) mit aktiviertem Kolaapatit und einer nichtaktivierten Kolaapatitfraktion (▬▬)

reits nach kurzer Lösezeit eine Zunahme der Lösegeschwindigkeit mit der Aktivierungsdauer, d. h. dem Aktivierungsgrad.

Die erhöhte Lösegeschwindigkeit führt zu einem schnelleren Eingang der Phosphate in die Bodenlösung. Nun ist jedoch für die Düngewirkung nicht nur die Lösegeschwindigkeit, sondern auch die Gleichgewichtskonzentration von Bedeutung.

Stellt man die Löslichkeit in Abhängigkeit vom pH-Wert dar (Abb. 4), so zeigt sich für Kolaapatit, Hyperphosphat, Rhenaniaphosphat, Dicalcium- und Monocalciumphosphat nach SCHEFFER und Mitarb. [7] der gestrichelt dargestellte Verlauf. Das Rhenaniaphosphat entspricht dem Alkalisinterphosphat und das Hyperphosphat der BRD stellt feingemahlenes Phosphat dar, das unserem Rünaphos entspricht.

Die ausgezogen dargestellten Kurven geben unsere Untersuchungen wieder. Es zeigte sich, daß die Aktivierung die Feinmahlung hinsichtlich der Erreichung der Löslichkeit übertrifft, denn selbst der magmatische Kolaapatit — als Düngemittel direkt nicht einsetzbar — nähert sich im Neutralbereich dem Dicalciumphosphat, einem anerkannt guten Düngemittel.

Das Dicalciumphosphat wurde zur Überprüfung der Untersuchungsmethodik mit einbezogen.

Wir halten fest: durch die mechanische Aktivierung wird die Anfangslösegeschwindigkeit und die Lösbarkeit erhöht. Die Löslichkeit erreicht die bekannter Phosphordüngemittel.

2. Textur- und Strukturveränderungen als Ursachen für die erhöhte Lösbarkeit

Als Ursache für die erhöhte Lösbarkeit wurde zunächst die Vergrößerung der spezifischen Oberfläche angenommen. Es zeigte sich jedoch (Abb. 5), daß die Änderung der spezifischen Oberfläche keine hinreichende Erklärung gibt. Auch die Zunahme des Gitterstörgrades bzw. die Abnahme der Primärteilchengröße (Abb. 6) erklären die Zunahme der Lösbarkeit nicht ausreichend.

In einem etwa reziproken Verhältnis zur Abnahme der Primärteilchengröße nimmt beim Kolaapatit der Grad der Gitterverzerrungen mit steigender Aktivierungsdauer zu, während das Marokkophosphat bereits im Ausgangsprodukt einen Verzerrungsgrad aufweist, der beim Kolaapatit erst nach längerer Aktivierungsdauer erreicht wird. Mit dem unterschiedlichen Verzerrungsgrad läßt sich zwar die Citronensäurelösbarkeit aber keinesfalls die Ammoncitratlösbarkeit erklären.

Aus IR- und NMR-spektroskopischen Untersuchungen ergab sich, daß eine Verbreiterung der P-O-Valenzschwingungsbanden und eine Zunahme der Absorptionsbanden im Bereich der Valenzschwingungen des PO_4-Ions auftritt, was sich in einer Bandenverbreiterung äußert. Das heißt, es tritt ein Symmetrieverlust im Apatitgitter als Folge der mechanische Bearbeitung auf. Der Einbau von Carbonat in das Gitter wurde nachgewiesen. Außerdem tritt sorbiertes Wasser mit gelocker-

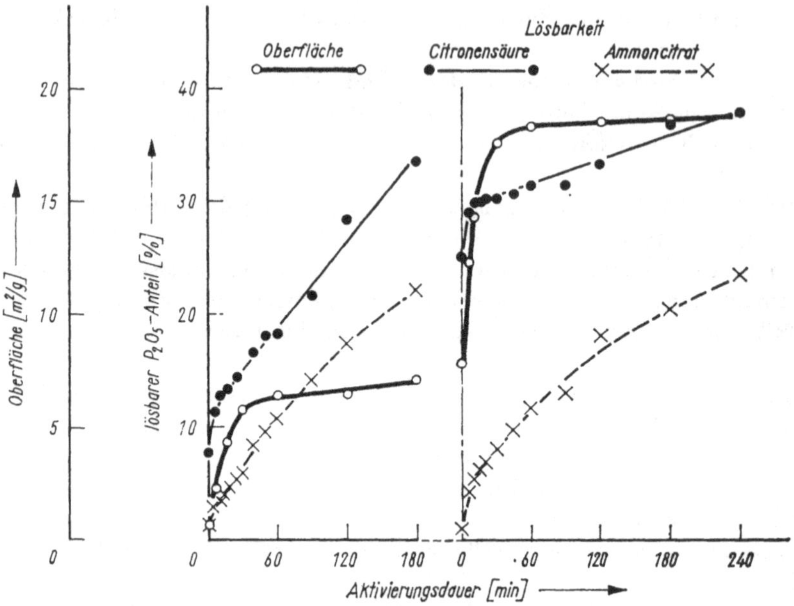

Abb. 5 Vergleich von spezifischer Oberfläche und Lösbarkeit nach mechanischer Aktivierung links: Kolaapatit rechts: Marokkophosphat

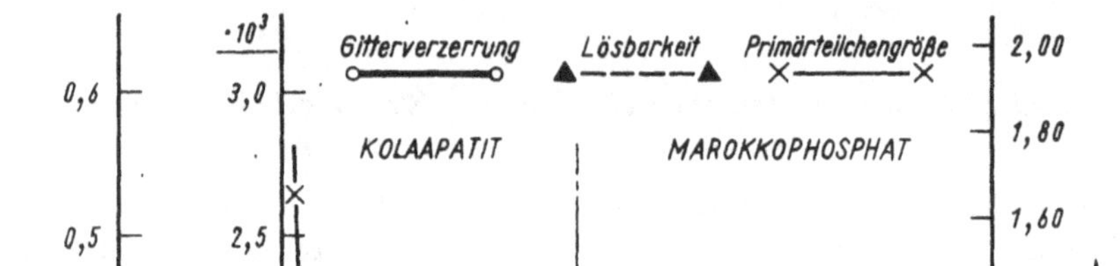

Abb. 6 Darstellung von Gitterverzerrungen, Primärteilchengrößen und Lösbarkeit von aktiviertem Kolaapatit und Marokkophosphat

ten Ca-P-Bindungen in Wechselwirkung, was durch den Nachweis von $(PO_3\text{-}OH)^{2-}$ und $(Ca\text{-}OH)^{+}$-Gruppen gezeigt werden konnte. Damit ergab sich eine Annäherung der Symmetrie des PO_4^{---}-Ions in Richtung des Diphosphats und eine Erklärung für die Erhöhung der AC-Lösbarkeit. [8]

3. *Aktivierungsgrad und Pflanzenverfügbarkeit*

Wie weit ist die mechanische Aktivierung notwendigerweise zu führen, um eine ausreichende Düngewirkung zu garantieren? Welche Lösbarkeiten sind anzustreben?

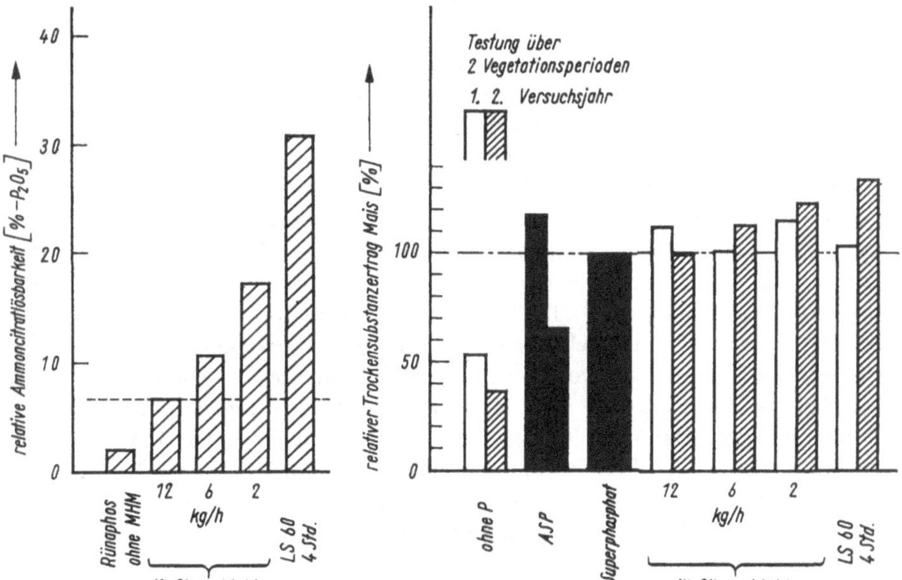

Abb. 7 Linker Teil:
Ammoncitratlösbarkeit der Tribophos-Produkte.
Rechter Teil:
Düngewirksamkeit einiger pulverförmiger Tribophos-Produkte im Vergleich zu Superphosphat und Alkalisinterphosphat im Gefäßversuch

In Abb. 7 sind aktivierte Marokkophosphat-Proben mit unterschiedlicher Ammoncitratlösbarkeit (1. Extraktionsschritt) dargestellt. Durch Variation der Aktivierungsbedingungen standen Proben mit Ammoncitratlösbarkeiten zwischen 6 und 30% zur Verfügung. Das feingemahlene Rohphosphat Rünaphos liegt bei etwa 2%. Über zwei Vegetationsperioden wurden mit diesen Proben pflanzenphysiologische Testungen[1] im Gefäßversuch an Mais als Versuchspflanze durchgeführt. Dargestellt ist für die einzelnen Proben der relative, auf Superphosphat bezogene Trockensubstanzertrag. Die Varianten ohne P-Düngung sowie Superphosphat und Alkalisinterphosphat als Standarddüngemittel wurden zum Vergleich in die Untersuchungen einbezogen. Die mechanisch aktivierten weicherdigen Rohphosphate (Tribophos) erreichen unter den angewendeten Versuchsbedingungen auf dem schwach sauren Boden (Boden Methau pH = 6,6) bei pulverförmigem Einsatz sowohl in der ersten als auch in der zweiten Vegetationsperiode im Ertrag das Superphosphat und das Alkalisinterphosphat. Das Rünaphos schneidet wesentlich schlechter ab, d. h. es erreicht die Wirkung des Superphosphats und der Tribophos-Produkte nicht. Dieses Ergebnis zeigt, daß unter den angewendeten Versuchsbedingungen eine Ammoncitratlösbarkeit von 6% ausreicht, um eine dem Superphosphat und Alkalisinterphosphat vergleichbare Pflanzenverfügbarkeit zu gewährleisten.

Es wurde damit gezeigt, daß weicherdige Rohphosphate (im Beispiel Marokkophosphat) durch mechanische Aktivierung den chemisch bzw. thermisch aufgeschlossenen Phosphaten gleichwertig sind. [9, 10, 11]

Damit ergab sich die Frage, ob die Kosten der Aktivierung die des Schwefelsäureaufwandes beim chemischen Aufschluß decken?

Um diese Abschätzung vornehmen zu können, wurden die verschiedensten Aktivierungsgeräte so betrieben, daß eine Ammoncitratlösbarkeit der Tribophos-Produkte von 6% resultierte. Dabei ergaben sich für die Aktivierungsgeräte mit Durchsätzen von 300 kg/h bis zu 8 t/h Energiekosten bis zu 75 M/t P_2O_5. Für 1 t P_2O_5 liegt der notwendige Schwefelsäureaufwand für die Herstellung von Superphosphat bei etwa 2,5 t und ist damit mit etwa 400 M anzusetzen. Diese Abschätzung zeigt, daß die Aktivierungskosten deutlich unter den Kosten des Schwefelsäureaufwandes liegen. Damit sollte bei Bereitstellung entsprechend dimensionierter Aktivierungsgeräte, das Problem der mechanischen Aktivierung von Rohphosphaten zu Düngemitteln prinzipiell gelöst sein. Anwendungstechnische Forderungen machen jedoch eine Weiterführung der Arbeiten notwendig.

4. *Teilaufschluß aktivierter Rohphosphate mit Schwefelsäure*

Von den Landwirtschaftswissenschaftlern wurde die Forderung nach einem teilweise wasserlöslichen Phosphordüngemittel erhoben, um eine gute Startwirkung für das Pflanzenwachstum zu gewährleisten. Diese Forderung konnte nur durch Kombination des mechanischen Aufschlusses mit dem chemischen Aufschluß er-

[1] Die pflanzenphysiologischen Untersuchungen wurden im Institut für Düngungsforschung der Akademie der Landwirtschaftswissenschaften der DDR, Leipzig—Potsdam und in der Zentralstelle für Anwendungsforschung der VVB Agrochemie in Cunnersdorf/Blösien durchgeführt. Für die Durchführung der Untersuchungen danken wir besonders Herrn Dr. S. Müller und Herrn Dr. H. Kludssuweit.

reicht werden. Ein solches mechanisch aktiviertes und anschließend mit Schwefelsäure teilaufgeschlossenes Produkt (Tribophos T) mit Wasserlöslichkeiten des P_2O_5-Anteils von 35 bzw. 50% hat den Vorteil, daß der aktivierte nicht mit Säure umgesetzte Apatitanteil wie aus den bisherigen Darlegungen folgt, in weitgehend gestörter Form mit erhöhter Lösbarkeit vorliegt. Die Festlegungsreaktionen im Boden werden sich im wesentlichen auf den Monocalciumphosphat-Anteil erstrecken, denn der defekte Apatitkristall wird schwerer einer Umwandlung unterliegen. Die Tribophos T-Produkte haben gegenüber dem Superphosphat den weiteren Vorteil, daß die bei der Hydrolyse des Monocalciumphosphats freiwerdende H_3PO_4 in weit geringerem Maße zur Versauerung des Bodens führt, sondern vor allem in granuliertem Zustand zum weiteren Aufschluß des mechanisch aktivierten Apatitanteils entsprechend der in Abb. 8 formulierten Umsetzungsreaktionen genutzt wird.

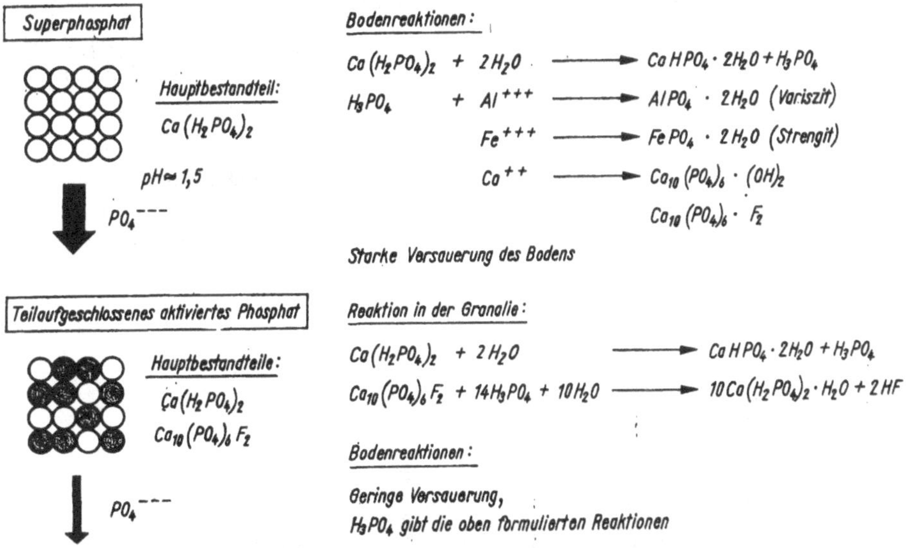

Abb. 8 Zur Reaktion von Superphosphat und teilaufgeschlossenem aktiviertem Phosphat (Tribophos T)

Aus der Wasserlöslichkeit und dem im Boden ablaufenden weiteren Aufschluß des aktivierten Phosphats, durch die bei der Hydrolyse des Monocalciumphosphats freiwerdende H_3PO_4 erklärt sich die gegenüber dem nur aktivierten Tribophos-Produkt verbesserte Wirkung.

Dies ist aus weiteren pflanzenphysiologischen Untersuchungen (Abb. 9) zu erkennen. Die gute Wirkung des Tribophos auf saurem Boden geht auf neutralem Boden verloren, während sie für Tribophos T voll erhalten bleibt. Auch auf neutralem Boden ist Tribophos T dem Superphosphat und Alkalisinterphosphat gleichwertig. Damit vergrößert sich für die Tribophos T-Produkte gegenüber dem Tribophos die Einsatzbreite.

Auch bei der Granulation von Tribophos T bleibt im Vergleich zu dem pulverförmigen Produkt die gute Pflanzenverfügbarkeit erhalten während sonst ein Wirkungsabfall eintritt. Betrachtet man die pflanzenphysiologischen Ergebnisse von granulierten Tribophos T-Produkten auf unterschiedlichen Böden (Abb. 10), so

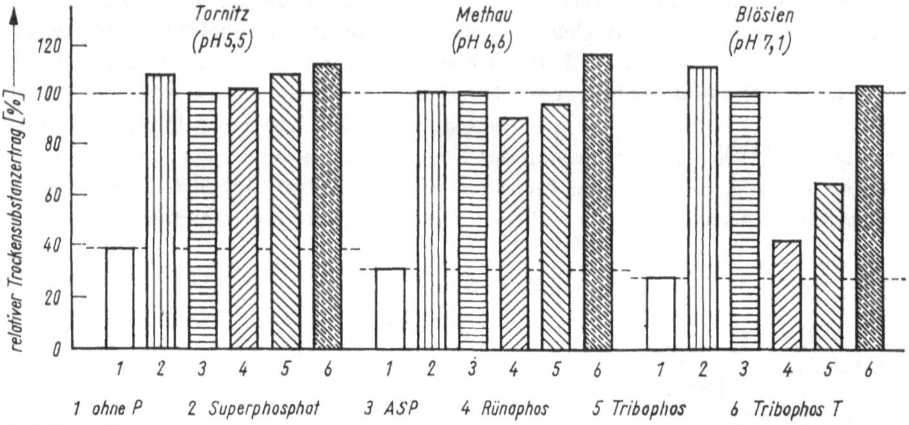

Abb. 9 Wirksamkeit von pulverförmigen Phosphordüngemitteln auf verschiedenen Böden
Versuchspflanze Mais Relativer Trockensubstanzertrag (ASP = 100%)

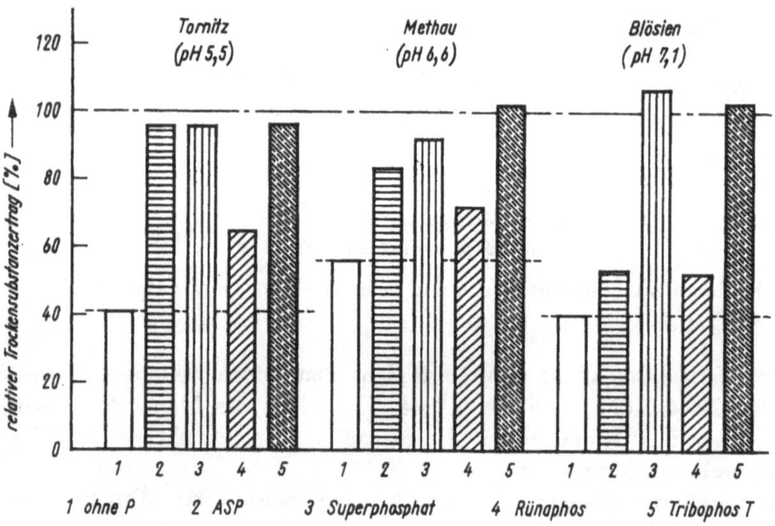

Abb. 10 Wirksamkeit von granulierten Phosphordüngemitteln (PK — Granulate, Ø 2—2,5 mm)
Versuchspflanze Mais
2. Versuchsjahr
Relativer Trockensubstanzertrag (ASP = 100%)

fällt die durchgehend gute Wirkung auf allen Böden auf, während das ASP besonders auf neutralem Boden deutlich abfällt.

Für die Tribophos T-Herstellung ergeben sich gegenüber dem Superphosphatherstellungsprozeß folgende Vorteile:

1. Geringerer Aufwand an Schwefelsäure.
2. Höherer P_2O_5-Gehalt, da ein geringerer Calciumsulfatanteil vorliegt. Damit bieten sich auch Phosphate mit niedrigem P_2O_5-Gehalt zum Aufschluß an.
3. Verkürzung bzw. Wegfall der Reifezeit und damit die Möglichkeit der Granulation direkt nach dem Aufschluß.
4. Geringere Investaufwendungen, Senkung der Lager- und Transportkosten und geringerer Arbeitskräftebedarf.

Die technische Realisierung der Tribophos T-Produktion ist möglich. Eine der erarbeiteten Varianten des Teilaufschlusses von aktiviertem Rohphosphat wurde in diesem Jahr im VEB Chemiewerk Coswig erfolgreich erprobt. Die ersten 100 t Produkt konnten der Landwirtschaft zur Verfügung gestellt werden.

5. *Zusammenfassung*

Durch mechanische Aktivierung von Rohphosphaten zu Tribophos wird die Lösegeschwindigkeit erhöht und damit die Pflanzenverfügbarkeit wesentlich verbessert. Durch einen Teilaufschluß des aktivierten Phosphats mit Mineralsäure zu Tribophos T wird erreicht, daß Tribophos T sowohl in Pulver- als auch in Granulatform dem Superphosphat in der Düngewirkung zumindest gleichwertig und universell einsetzbar ist. In Granulatform weisen Tribophos T-Produkte eine wesentlich bessere Pflanzenverfügbarkeit auf als ASP. Tribophos T-Produkte zeichnen sich durch einen im Vergleich zu Superphosphat höheren Nährstoffgehalt bei einer gleichzeitigen Senkung des volkswirtschaftlichen Aufwandes für den Aufschluß aus.

Die dargestellten Ergebnisse wurden gemeinsam mit dem VEB Chemiewerk Coswig, dem Institut für Düngungsforschung der AdL in Leipzig und der Zentralstelle für Anwendungsforschung der VVB Agrochemie Cunnersdorf erarbeitet.

Zum Schluß meinen besonderen Dank den Mitarbeitern der Gruppe „Rohphosphataktivierung“: Dr. Harenz, Dr. Voigt, Dr. Dünkel, Frau Pöthig, Herrn Richter-Mendau, Herrn Schulze, Frau Nissel, Frau Finck, Frau Fischer, Frau Leu, Frau Winkler und Frl. Bauer.

Literatur

[1] Autorenkollektiv, Mineraldüngung, VEB Deutscher Landwirtschaftsverlag, Berlin 1970, S. 77.

[2] Huffman, E. C., Proc. Fertilizer Soc. 1962, 71.

[3] Selke, W., Die Düngung, 4. veränd. u. erw. Aufl., Berlin 1965.

[4] Ansorge, H., Thaer-Arch. 9, 631 (1965).

[5] Sanchelli, V., Phosphates in Acriculture New York, London 1965.

[6] PAUDERT, R., H. HARENZ, R. PÖTHIG, G. HEINICKE, L. DÜNKEL u. H. SCHUMANN, Chem. Techn. **30**, 470 (1978).

[7] SCHEFFER, F., B. ULRICH u. H. W. FASSBENDER, Z. Pflanzenernähr. Düng. Bodenkunde **113**, 11 (1966).

[8] PÖTHIG, R., L. DÜNKEL, R. PAUDERT, H. HARENZ u. A.-R. GRIMMER, Kristall u. Technik **13**, 879 (1978).

[9] HEINICKE, G., R. PAUDERT, H. HARENZ, U. STEINIKE u. R. PÖTHIG, Žurnal Prikladnoj Chimii **50**, 969 (1977).

[10] PAUDERT, R., H. HARENZ, G. HEINICKE, U. STEINIKE, R. PÖTHIG, H. RICHTER u. H. SCHUHMANN, DDR Patent 107 195 (1970).

[11] HARENZ, H., R. PAUDERT u. H. KLUDSSUWEIT, Arch. Acker-, Pflanzenbau u. Bodenkunde (im Druck).

Siegfried Kulpe

Neuere Entwicklungen auf dem Gebiet der Röntgenkristallstrukturanalyse

1. Einleitung

Die Röntgenkristallstrukturanalyse (RKSA) befaßt sich mit der Erforschung und Aufklärung der Struktur von Verbindungen im festen kristallinen Zustand. Übergeordnete Gebiete sind Röntgenbeugung und Kristallographie. Die RKSA ist das Kernstück der modernen Kristallographie.

Sie ist eine hochleistungsfähige physikalisch-chemische Analysenmethode der Strukturforschung, die sich gegenwärtig in einem Stadium stürmischer Entwicklung befindet. Sie durchdringt bereits heute viele Wissensgebiete, vor allem die Chemie, die Biologie und die Festkörperwissenschaften. Viele revolutionierende Erkenntnisse auf diesen Gebieten sind unmittelbar mit den Leistungen der RKSA verknüpft. Ihr Schwergewicht liegt auf dem Gebiet der Aufklärung von Struktur-Eigenschafts- und Struktur-Wirkungs-Beziehungen im atomaren, molekularen und intermolekularen Bereich.

Befaßt man sich mit Entwicklungstendenzen einer physikalisch-chemischen Analysenmethode wie der RKSA, so kann man diese Tendenzen in zwei Gebiete unterteilen: in themenorientierte und methodenspezifische. Bedingung für die Entwicklung der RKSA sind enge Verknüpfungen mit anderen Disziplinen, vor allem der Mathematik, Physik, Chemie und dem wissenschaftlichen Gerätebau.

Die methodenspezifische Forschungsarbeit verläuft gegenwärtig in drei Hauptrichtungen: die experimentelle Datenerfassung, die Theorie und Methodik der Strukturbestimmung und die computerorientierte Problemanalyse und Programmierung.

Auf allen drei Gebieten sind Entwicklungen im Gange oder abzusehen, die kombiniert mit Sicherheit zu bedeutenden Fortschritten auf dem Gebiet der RKSA führen werden.

Weitere große Fortschritte wird es durch geeignete Kombination und enge Zusammenarbeit der RKSA mit anderen Analysenmethoden geben, die Beiträge zur molekularen und intermolekularen Strukturaufklärung leisten können. Das gilt vor allem für die Neutronenbeugung, Elektronenbeugung und -mikroskopie sowie für alle einschlägigen spektroskopischen Methoden.

Hauptanwendungsgebiete der themenorientierten RKSA sind und werden in

Zukunft sein: biologisch orientierte RKSA, chemisch orientierte RKSA, Wissenschaft der Erden (Geologie, Mineralogie, Kosmologie), Materialforschung und Festkörperphysik.

Die Zahl der gelösten Strukturen wächst stark an. Es wächst die Qualität und Aussagekraft der Strukturen. Es wächst die Anzahl gelöster Strukturen mit größerem Molekulargewicht und höherem Schwierigkeitsgrad. Der durchschnittliche Zeitaufwand pro Struktur ist bedeutend geringer geworden und fällt weiter. Die RKSA ist auf dem Wege dazu, für gewisse Fragestellungen eine Routinemethode zu werden, mit allen sich daraus ergebenden Vorteilen.

Andererseits wendet sich die RKSA der Bearbeitung schwieriger, für Wissenschaft und Technik jedoch höchst bedeutungsvoller Gebiete zu, auf die im folgenden näher eingegangen wird.

2. Themenorientierte Entwicklungstendenzen

2.1. Biologisch orientierte RKSA

Die biologisch orientierte RKSA befaßt sich mit der Strukturaufklärung von Verbindungen mit hohem Molekurlargewicht.

Die RKSA hat die Biologie revolutioniert und einen wesentlichen Beitrag zur Begründung der Molekularbiologie geleistet. Sie ist die einzige Methode, die es gestattet, die Geometrie von Makromolekülen vollständig und mit hohem Zuverlässigkeitsgrad zu bestimmen. Obgleich noch wenige Proteinstrukturen bis jetzt aufgeklärt sind (etwa 100 bisher), ist die Wirkung dieser Kenntnisse bereits beträchtlich.

Hauptanliegen der biologisch orientierten RKSA sind:

Erhöhung des Tempos der Strukturbestimmungen, Erhöhung des Molekulargewichts der zugänglichen Strukturen, Erhöhung des Auflösungsvermögens der Strukturbestimmungen, Studium partiell geordneter makromelekularer Systeme durch Kombination mit anderen Analysenmethoden wie Kleinwinkelstreuung und Elektronenmikroskopie, Fortschritte bei der Kristallisation makromolekularer Verbindungen, insbesondere von Schlüsselverbindungen, Fortschritte beim Verständnis der Funktion biologischer Makromoleküle.

Zum letzteren gehören:

Protein-Nucleinsäurewechselwirkungen, Austausch funktionsrelevanter Aminosäuren, molekulare Reaktionsmechanismen, sterischer Aufbau aktiver Zentren, Selbstorganisation von Eiweißmolekülen, Aufklärung neuer Wirkprinzipien wie Katalyse hoher Effektivität unter thermisch schonenden Bedingungen, Studium der Struktur von Membranen und Zellwänden.

So groß die Bedeutung der RKSA für makromolekulare Verbindungen ist und so sehr sie sich in Zukunft auf dem Gebiet der Molekularbiologie entwickeln wird, so viele wichtige Probleme hat die RKSA auf anderen Gebieten zu lösen. Dabei ergeben sich gemeinsame Entwicklungen auf experimentellem und methodischem Gebiet. Zum Teil gibt es jedoch spezifische von der molekularbiologischen Forschung unterschiedliche Aufgaben und Gesichtspunkte.

Von diesen in der Einleitung bereits genannten Gebieten sollen hier die chemisch orientierte RKSA und die RKSA für die Wissenschaft der Erden (Geologie, Mineralogie und Kosmologie) hervorgehoben werden. Das aus dem Grund, weil die Abteilung RKSA des Zentralinstituts für physikalische Chemie vor allem auf diesen beiden Gebieten tätig ist.

2.2. Chemisch orientierte RKSA

Die chemisch orientierte RKSA ist die im Niedermolekularbereich mit Molekulargewichten bis etwa 1000. Die Schwerpunkte der Entwicklung auf diesem Gebiet sollen genannt werden.

Die Steigerung der Genauigkeit der Strukturbestimmungen ist wichtig. Dadurch ergeben sich weitere Einblicke in allgemeine Zusammenhänge zwischen Geometrie der Struktur und physikalisch-chemischen Eigenschaften sowie Beiträge zur strukturchemischen Klassifikation von Verbindungen. Zu den grundlegendsten Relationen in der Chemie gehören die zwischen Atom- und Molekülabständen und strukturellen Parametern wie Bindungsordnung, Kraftkonstanten, elektrische Momente, Hybridzustand, Orbitalüberlappung, Koordination, Reaktivität, Ionisationszustand und ähnliche Parameter. Derartige Parameter hängen oft in sehr empfindlicher Weise von der Länge von Atomabständen und der Größe von Valenzwinkeln ab. Jede Steigerung der Genauigkeit von Strukturbestimmungen ist von Bedeutung für die theoretische Durchdringung und strukturchemische Interpretation sowie anwendungsorientierte Schlußfolgerungen. Dafür werden alle experimentellen und methodischen Möglichkeiten der RKSA und Neutronenbeugung eingesetzt. Es wird eine Auflösung angestrebt, die vom Nachweis von Wasserstoffatomen bis hin zu Asymmetrien von Elektronendichteverteilungen, Bindungselektronen und einsamen Elektronenpaaren reichen. Solche genauen Elektronendichtebestimmungen werden große Bedeutung für die experimentelle Prüfung theoretischer, insbesondere quantentheoretischer Berechnungen erlangen. Andererseits können diese Ergebnisse zum Ausgangspunkt theoretischer Untersuchungen werden, die ohne diesen experimentellen Hintergrund nicht möglich wären.

Das Studium molekularer und intermolekularer Eigenschaften und Wechselwirkungen ist ein wesentlicher Gegenstand der chemisch orientierten RKSA. Hierher gehören Fragen der Konstitution, Konformation und Konfiguration von Molekülen, intermolekulare Packungen und Packungskräfte, Charge-transfer-Systeme, intermolekularer Energietransfer. In diesem Zusammenhang wird und muß sich die RKSA zunehmend der strukturchemischen Interpretation und Verallgemeinerung ihrer Ergebnisse zuwenden. Das betrifft vor allem die enge Kooperation mit der Strukturchemie und der theoretischen Chemie.

Zunehmendes Interesse für die RKSA gewinnt das Studium von Strukturveränderungen bei dynamischen Prozessen wie Festkörperreaktionen, Phasenumwandlungen, Stereochemie von Reaktionswegen aus Kristallstrukturdaten, Geometrie von Grund- und Anregungszuständen.

Praxis- und industrieorientierte Anwendung der RKSA werden in steigendem Umfang möglich und nötig. Große Bedeutung in dieser Hinsicht hat bereits die Polykristallmethode (Pulvermethode) zur Phasenanalyse erlangt. Im ZIPC wird die Pulvermethode in Zukunft verstärkt betrieben mit dem Ziel, die in der Pulvermethode enthaltenen Möglichkeiten zur direkten Strukurbestimmung besser zu nutzen. Dazu ist Neuland zu bearbeiten.

Es wächst der Bedarf der angewandten und Industrieforschung an Röntgenstrukturbestimmungen der jeweils bearbeiteten Substanzklassen.

Dem Ausbau der RKSA zur Routinemethode durch Teilautomatisierung und Automatisierung wird große Aufmerksamkeit geschenkt. Die niedermolekulare RKSA ist für eine Teil- oder Vollautomatisierung besonders geeignet. Es gibt bereits Erfolge. In Zukunft werden in dieser Richtung noch große Anstrengungen unternommen und Fortschritte erzielt werden. Erfolge auf diesem Gebiet werden zu wachsender Effektivität und breiteren Anwendung der RKSA beitragen.

An dieser Stelle soll aber auch auf objektive Einschränkungen hingewiesen werden, die für eine überschaubare Zukunft einer durchgängigen Strukturbestimmung von dreidimensional periodischen geordneten Strukturen im automatisierten blackbox-Verfahren entgegenstehen, die immer wieder und oft überraschend den erfahrenen Spezialisten erfordern.

Die Erwartungen an eine Automatisierung der RKSA dürfen nicht zu hoch gesteckt werden. Kristalle sind oft unvollkommen für einwandfreie RKSA: extrem klein, hochgradig imperfekt, zersetzen sich schnell, sind empfindlich für äußere Bedingungen wie Zimmertemperatur, Luftfeuchtigkeit, Sauerstoff, Strahlungsschäden, Klebemittel, Teile der Kristalle sind fehlgeordnet, verzwillingt. Trotz einfach gebauter Moleküle gibt es komplizierte Molekülpackungen mit Pseudosymmetrien, speziellen Lagen, ungleichen Platzbesetzungsfaktoren.

Diese Eigenschaften sind oft erst im späten Stadium der Analyse erkennbar und treten insofern überraschend auf. Sie machen eine automatisierte Lösung unmöglich oder unvollständig oder ungenau oder sie führen zu Pseudolösungen mit der Möglichkeit falscher Interpretation.

Fragen der Übertragbarkeit von Kristallstrukturdaten auf andere Aggregatzustände gilt erhöhte Aufmerksamkeit. Hierher gehört die gemeinsame Lösung von Strukturfragen zusammen mit anderen Analysemethoden. Hier darf man besonders wertvolle Ergebnisse erwarten, da sich die Methoden häufig ergänzen und es so zu potenzierten Aussagen kommt, alle Aggregatzustände überstrichen werden können und Aussagen zur Statik und Dynamik gekoppelt werden können.

2.3. RKSA für Wissenschaft der Erden (Geologie, Mineralogie, Kosmologie)

Die RKSA für die Wissenschaft der Erden unterscheidet sich spezifisch von der chemisch und biologisch orientierten RKSA.

Geologische Kristallstrukturen bestehen gewöhnlich nicht aus definierbaren Molekülen, sondern aus einem ausgedehnten Netzwerk atomarer Bindungen (Riesenmoleküle). Solche Strukturen sind einer routinemäßigen, automatischen Bearbeitung weniger zugänglich als niedermolekulare. Die Kristalle müssen so bearbeitet werden, wie sie in der Natur vorkommen. Es besteht hier nicht die Möglichkeit, unvollkommene Kristalle zurückzustellen und bessere zu züchten. Deshalb hat man es auf diesem Gebiet häufig mit Kristallen zu tun, die alle möglichen Arten globaler Fehlordnung, Polytypie und Zwillingsbildung zeigen. Dementsprechend hat diese RKSA zum Teil eigene Methoden der Strukturbestimmung wie z. B. OD-Theorie und Theorie der Polytypie. Dieser Zweig der RKSA befaßt sich vornehmlich mit Verbindungen des Erdmantels, extraterrestrischen Materialien wie Meteoriten und lunarem Material, gesteinsbildenden Silikaten, Schichtsilikaten, Tonmineralien, Phosphaten, Sulfosalzen, Aluminium-Magnesiumverbindungen.

Hauptrichtungen der Entwicklung sind:

Aufklärung gesteinsbildender und geologischer Prozesse; Struktur-Entstehungsbedingungen; Struktur-Wirkungsbeziehungen; Hinweise auf die Struktur der Stoffe in tieferen Schichten des Erdmantels; Relationen zwischen terrestrischen und extraterrestrischen Materialien, strukturelle Beiträge zur Kosmosforschung; Mechanismus und Kinetik der Phasenübergänge durch Strukturuntersuchungen bei dynamischen und extremen physikalischen Bedingungen wie hohen Temperaturen und hohen Drücken. Hier spielen auch Fragen der Material- und Werkstoffprüfung hinein, die große praktische Bedeutung haben.

Weiterhin gehören zu den Hauptrichtungen dieser Entwicklung neue Methoden der Strukturbestimmung global fehlgeordneter Verbindungen, Erarbeitung von kristallgeometrischen Theorien des fehlgeordneten Zustands, Erarbeitung mathematischer Methoden und entsprechender Programme. Hierher gehört die OD-Theorie, für die am Zentralinstitut für physikalische Chemie schwerpunktmäßig gearbeitet wird. Die OD-Theorie liefert die theoretische Grundlage für die Behandlung der Polytypie. Sie ermöglicht die theoretische Ableitung aller denkbaren Polytypen für eine Substanz. Auf der Basis der OD-Theorie konnte unter Verwendung von Ergebnissen auch anderer Arbeitsgruppen eine rationelle Symbolik für polytype Substanzen erarbeitet werden, die von der International Union of Crystallography (IUC) und der International Mineralogical Association (IMA) zur allgemeinen Verwendung empfohlen wurde.

Nur erwähnt werden soll, daß die RKSA wesentliche Beiträge zur Materialforschung, insbesondere Metallurgie und Werkstoffforschung, sowie zur experimentellen und theoretischen Festkörperphysik zu leisten hat. So wird z. B. die volkswirtschaftlich so bedeutsame Forschung auf dem Gebiet der Halbleiter, Leiter und

Supraleiter in immer stärkerem Maße von der Strukturbestimmung der Materialien abhängig werden.

3. *Methodenspezifische Entwicklungstendenzen*

3.1. Experimentelle Datenerfassung

Eines der zentralen Probleme der RKSA ist der Zeitfaktor, das heißt die drastische Herabsetzung der Zeit, die einerseits zur Erfassung der experimentellen Daten und andererseits zur Lösung der Struktur benötigt wird. Beides ist weitgehend voneinander unabhängig. Das wirkt sich auf folgende Probleme aus.

Die Untersuchung von dynamischen Prozessen mit RKSA wird möglich wie langsam ablaufende Reaktionen, Übergangszustände, Phasenänderungen.

Makromoleküle erfordern die Erfassung sehr großer Datenmengen. Kristalle derartiger Verbindungen sind oft kurzlebig, so daß nur drastische experimentelle Zeitverkürzung ihre Strukturaufklärung überhaupt erst ermöglicht. Zeitverkürzungen um mehrere Größenordnungen sind wünschenswert. Es ergibt sich eine Reduzierung derjenigen Fehler bei der Strukturbestimmung, die durch Verschlechterung der Kristallqualität während der Aufnahmezeit entsteht (Zersetzung der Kristalle). Die Bedeutung der RKSA für andere Wissenschaftszweige, insbesondere die angewandte und industrielle Forschung ist eine Funktion der Zeit von der Fragestellung bis zur Lösung. Ganz besonders gilt das, wenn die RKSA Routinemethoden mit hohem Effekt hervorbringen soll.

Zeitverkürzung kann vor allem durch experimentelle Entwicklungen erreicht werden. Ein Mittel ist die beträchtliche Erhöhung der Intensität der Röntgenstrahlquellen. Dazu laufen folgende Entwicklungen: Es werden leistungsfähige Drehanodenröhren, heute bereits bis 100 kV im Versuchsstadium, gebaut. Synchrotron-Röntgenstrahlung wird eingesetzt. Sie liefert hoch intensive, perfekt polarisierte Röntgenstrahlquellen mit kontinuierlichem Wellenlängespektrum. Röntgenlaser sind im Gespräch.

Ein weiteres Mittel zur experimentellen Zeitverkürzung ist die Steigerung der Empfindlichkeit der Röntgendetektoren. Dazu laufen folgende Entwicklungen: Bildverstärker mit video-display; computergesteuerte ortsempfindliche Flächendetektoren, z. B. Vieldraht-Proportionalzähler, eine besonders vielversprechende Entwicklung, die die Zeit zur Datenerfassung von Makromolekülen von Monaten auf Stunden herabsetzen kann; ein- und zweidimensionale Halbleiterdetektoren; energiedispersive Detektoren.

Das höhere Leistungsvermögen neuer Röntgenquellen und Detektoren kann besonders effektiv auf hochautomatisierten Diffraktometern ausgeschöpft werden. Deren Hardware und Software wird der Entwicklung angepaßt werden. Es ist eine Zeitherabsetzung bis zu zwei Größenordnungen abzusehen.

Weitere wichtige experimentelle Entwicklungen sind Vorrichtungen zur Änderung der physikalischen Bedingungen während der Aufnahmezeit, wie Tief- und Hochtemperatur und Hochdruckeinrichtungen.

Tiefe Temperaturen sind erforderlich für:
hochgenaue RKSA durch Herabsetzung der temperaturbedingten Atomschwingungen; zur Herabsetzung der Temperatur- und Strahlenempfindlichkeit von Kristallen; zur Kristallzüchtung und unmittelbar anschließenden Röntgenbestrahlung solcher Verbindungen, die nur bei tiefen Temperaturen kristallisieren.

Hochtemperatur- und Hochdruckeinrichtungen werden entwickelt für:
Fragestellungen der Geologie, Kosmologie, Chemie der Festkörperreaktionen und Werkstofforschung. Sie reichen gegenwärtig bis etwa 2000° und 250 kB. Routineeinrichtungen müssen geschaffen werden.

Daneben wird die Entwicklung auf dem traditionellen Gebiet des Röntgenfilms als Detektor weitergetrieben. Das ist erforderlich für Zwecke der makromolekularen und Fehlordnungs-RKSA sowie für röntgenographische Voruntersuchungen. Hier geht die Entwicklung in Richtung vollautomatischer Densitometer zur Filmauswertung einerseits und empfindlicherer Filme andererseits. Weiterhin werden neue Filmaufnahmetechniken entwickelt, wie es in den letzten Jahren die Gondolfi-Kamera, die Arndt-Wonnacott-Kamera und das Konvergenzverfahren gewesen sind.

3.2. Computerorientierte Problemanalyse und Programmierung

Ein zweites wichtiges Gebiet der methodenspezifischen Entwicklung ist das der Computerwissenschaft für RKSA.

Heute und in Zukunft ist eine relevante Forschungstätigkeit auf dem Gebiet der RKSA nur mit hochentwickelter Computer-Hardware und Software möglich. Die stürmische Entwicklung in der Computerwissenschaft und Technik wird sich stimulierend auf die RKSA auswirken.

Computer werden benötigt für die experimentelle Datenerfassung und Speicherung, zur Strukturbestimmung sowie zur Speicherung und anwendungsgerechtem Zugriff strukturanalytischer Ergebnisse. Rechner unterschiedlicher Leistungsstufen werden für die RKSA in Zukunft eingesetzt werden: Mikrorechner bis etwa 1 k Speicher für Labor- und Schreibtischarbeit, Minirechner bis etwa 32 k für Automatisierung der experimentellen Technik und Strukturbestimmung, Midirechner bis etwa 1000 k und Maxirechner bis 8000 k zur Strukturbestimmung.

Charakteristisch für die RKSA ist es, daß sie zur Lösung von Strukturen die leistungsfähigsten Großrechner auslasten kann und solche Rechner auch in Zukunft dringend benötigt.

Spitzenleistungen der RKSA hängen vom Entwicklungsstand der Großrechner ab.

Der on-line-Betrieb von der experimentellen Datenerfassung bis zur Lösung der

Struktur auf dem Computer gewinnt an Bedeutung. Datenfernübertragung vom Nutzer zum Rechner beziehungsweise Rechenzentrum wird wichtig und unentbehrlich. Die Datenträger Lochkarte und Lochstreifen werden zurücktreten zugunsten magnetischer Datenträger.

Alphanumerische und graphische Ausgabe der Ergebnisse aus dem Computer werden sich stark verbessern durch Plotter, Bildschirm und verbesserte Drucktechnik. Das wird die Verwertbarkeit der Ergebnisse stark erhöhen. Das ist ein sehr wichtiger Punkt, denn erfahrungsgemäß ist es für einen Nichtspezialisten nicht einfach, aus einer der heute noch üblichen Strukturpublikationen das für ihn wichtige herauszufiltern.

Die Entwicklung von Datenträger, Display, on-line-Betrieb und Datenfernübertragung wird unter anderem drastische Zeiteinsparungen im Bereich der Strukturbestimmung bringen. Hier wird gegenwärtig noch viel zeitaufwendige Routinearbeit hoch qualifizierter Spezialisten verbraucht.

Es wird sich die internationale Zusammenarbeit in Programmierung, Programmnutzung und Programmaustausch entwickeln. Der Import fertiger, bewährter Programme für die RKSA kann in höchstem Maße ökonomisch sein, spart Mittel und setzt Arbeitskräfte zur Lösung eigener origineller Forschungen frei. Im RGW gibt es bereits enge und perspektivische Zusammenarbeit, an der wir beteiligt sind. Auf dem Gebiet der Software wird vorrangig an folgenden Problemen gearbeitet: Ausarbeitung und Anwendung von Algorithmen für höhere Recheneffektivität; optimale Anwendung und Ausnutzung verschieden großer Rechner für die einzelnen RKSA-Probleme; Software für die experimentelle Automatisierung; Anwendung der „künstlichen Intelligenz“ für RKSA.

Die Entwicklung der Computerwissenschaft wird der RKSA qualitativ neue Anwendungen ermöglichen. Dazu ist ein wesentlicher Beitrag durch die RKSA selbst zu bringen. Der Anteil an mathematischer Durchdringung, Problemanalyse und Programmierung wird in der RKSA-Arbeit immer hoch sein. Dazu kommt die immer wiederkehrende Arbeit der Adaptierung bewährter Programme an neue Technik.

3.3. Theorie und Methodik der Strukturbestimmung

Der dritte Schwerpunkt der methodenspezifischen Entwicklung der RKSA ist die Methodik der Strukturanalyse.

Die Methodik konzentriert sich auf folgende Probleme: Schaffung teilautomatisch bis automatisch ablaufender Strukturbestimmungen für geeignete Fälle; Bestimmung makromolekularer Strukturen und Erhöhung des Auflösungsvermögens für sie; Bestimmung nichtzentrosymmetrischer Strukturen; Leichtatomstrukturen; Strukturen mit Pseudosymmetrien; Strukturen mit Fehlordnungserscheinungen und Polytypie; Bestimmung von Strukturen aus Pulverdaten; Erhöhung der Genauigkeit von Strukturbestimmungen sowie verbesserte Kriterien.

Eine Reihe mathematisch-physikalischer Methoden werden ausgebaut und entwickelt werden. Dazu gehören: spezielle Fouriermethoden; Vektorsuchmethoden (Pattersonshiftverfahren, Faltmolekülverfahren, R-Wertfeldverfahren); Fullmatrix-least-squares ohne und mit Nebenbedingungen; Direktmethoden zur Phasenbestimmung (sie sind von zentraler Bedeutung vor allem für die automatisierte RKSA); Methode des isomorphen Ersatzes und Methode der zwei Wellenlängen; Methode der anomalen Streuung (besonders wichtig im Zusammenhang mit experimentellen Fortschritten); Anwendung der „künstlichen Intelligenz“ für Zwecke der RKSA; Berücksichtigung aller physikalischen Effekte, auch derjenigen mit geringem Effekt auf die Beugungsdaten wie Absorption, Extinktion, Umweganregung, thermische Untergrundstreuung, Comptonstreuung; Molekülpackungsverfahren auf der Basis bekannter Molekülgeometrien und Atompotentiale.

Von Bedeutung für die Zukunft sind auch Fortschritte auf dem traditionsreichen Gebiet der geometrischen Kristallographie. Hier ist der Schwerpunkt die Theorie aller Erscheinungen räumlicher Anordnungen, die sich nicht in die 230 Raumgruppen einordnen lassen.

Ein zentrales Problem der RKSA ist das der Annäherung eines hypothetischen Strukturmodells an die wahre Struktur. Das ist das Problem der Verfeinerung in der Strukturanalyse.

Numerische Verfeinerungsprozesse verfeinern oft nicht ein noch unzureichendes Modell einer Struktur. Hier benötigt man eine Technik, die in der Lage ist zu zeigen, wo, an welcher Stelle das vorgegebene Modell zu verfeinern ist.

Dazu muß in vielen solcher Fälle ein Urteil abgegeben werden darüber, wie einzelne Teile der Struktur in geometrischer Beziehung stehen. Über solche Teile existieren oft und in zunehmendem Maße zuverlässige physikalische, chemische und kristallographische Kenntnisse. Offen ist die Verknüpfung der bekannten Teile zur Gesamtstruktur. Geeignet zur Lösung solcher Probleme erscheinen Methoden der „künstlichen Intelligenz“, die in Zukunft für die RKSA eingesetzt werden.

Es existieren bereits Strukturbestimmungsmethoden, die geometrisch bekannte Molekülteile benutzen (least squares starrer Körper, Faltmolekülmethoden, Molekülpackungsprogramme).

Zur Lösung von Proteinstrukturen wird an Programmen gearbeitet, die die Aminosäure-Sequenzen in Proteinmolekülen durch Eigenentscheidung automatisch aufsuchen.

Der Tag scheint nicht mehr fern zu sein, an dem eine Strukturanalyse bei bekannter Geometrie der Asymmetrischen Einheit der Elementarzelle aus den empirischen interatomaren Potentialfunktionen berechnet werden kann, wenn neben der bekannten Molekülgeometrie nur die Elementarzelle und die Raumgruppe vorgegeben werden.

Zum Schluß soll der außerordentliche Wert hervorgehoben werden, den die computergerechte Speicherung aller Ergebnisse von Röntgenkristallstrukturanalysen in der Zukunft hat.

Der vom Cambridge Crystallographic Data Centre geschaffene Literaturspeicher für RKSA-Daten zum Beispiel ist ein hochleistungsfähiges Instrument, das dem Nichtspezialisten leichten und erschöpfenden Zugriff zu allen international bisher erzielten Ergebnissen auf dem Gebiet der RKSA von organischen und metallorganischen Verbindungen gestattet. Andere ähnliche Speicher existieren bereits oder werden aufgebaut. Dadurch erreicht die Forschungsarbeit auf dem Gebiet der Verallgemeinerung und Ableitung von Gesetzmäßigkeiten aus RKSA-Daten eine neue Qualität. Für kleinere Länder scheint hier die internationale Kooperation die rationellste Lösung zu sein.

Literatur

Abrahams, S. C., Acta Cryst. A **33** (1977) 4.

Böttger, H., Wissensch. u. Fortschritt **26** (1976) 434–439.

Böttger, H., Wissensch. u. Fortschritt **26** (1976) 504–509.

Bürgi, H. B., Angew. Chem. **87** (1975) 461–496.

Coppens, P., Angew. Chem. **89** (1977) 33–42.

Feigenbaum, E. A., Engelmore, R. S. u. Johnson, C .K., Acta Cryst. A **33** (1977) 13–18.

Gieren, A. u. Hoppe, W., Z. Anal. Chem. **273** (1975) 374–390.

Jones, P. D., Acta Cryst. A **33** (1977) 20–24.

Krüger, C., Angew. Chem. **84** (1972) 412–418.

Perlstein, J. H., Angew. Chem. **89** (1977) 534–549.

Pfluger, C. E., Analytical Chemistry **44** (1972) 563R–572R.

Pfluger, C. E., Analytical Chemistry **46** (1974) 469R–478R.

Pfluger, C. E., Analytical Chemistry **48** (1976) 362R–366R.

Spinrad, R., Acta Cryst. A **33** (1977) 18–20.

Wittmann, A., Umschau **73** (1973) 689–696.

"Status and Future Potential of Crystallography", Report of a Conference; USA National Committee for Crystallography; National Academy of Sciences, Washington, D.C. 1976.

Joachim Völter

Untersuchungen an Metallkatalysatoren

Das 20jährige Jubiläum des Instituts für physikalische Chemie fiel zusammen mit dem 25jährigen Jubiläum des Instituts für Katalyseforschung. Aus diesem Anlaß sollte versucht werden, anhand ausgewählter Untersuchungen an Metallkatalysatoren Entwicklungslinien der Forschung auszuweisen, die mit diesem Institut und dem daraus hervorgegangenen Bereich Katalyse und Kinetik des Zentralinstituts verknüpft sind.

Als im Jahre 1952 das Institut für Katalyseforschung in einem Neubau in Rostock seine Arbeit aufnahm, steckte die wissenschaftliche Katalyseforschung international noch in den Anfängen. Nur in Sapporo, Japan und in Lyon, Frankreich, ging man ebenfalls daran, für die Katalyseforschung eigene Institute zu errichten.

Für ein DDR-Katalyse-Institut gab es gute Gründe. Zum einen waren in Rostock gleich zwei hervorragende Wissenschaftler auf diesem Spezialgebiet tätig, nämlich Prof. RIENÄCKER und Prof. LANGENBECK. Zum anderen spielt in der DDR die chemische Industrie eine wichtige Rolle, insbesondere war und ist im VEB Leuna-Werke „Walter Ulbricht" eine leistungsfähige großtechnische Katalysatorproduktion vorhanden. Diese Voraussetzungen erwiesen sich als eine sehr tragfähige Basis.

Die nunmehr einsetzende gezielte Entwicklung dieses Forschungsgebietes läßt sich relativ leicht in zwei Phasen einteilen, wovon die erste vorwiegend auf wissenschaftliche Grundlagen ausgerichtet war, während die zweite Phase deutliche Beziehungen zur Praxis erkennen läßt.

In der ersten Phase ging es um das Fundament einer wissenschaftlichen Betrachtung des Katalysators. In jener Zeit verstand man unter einem Katalysator vor allem einen Festkörper mit einer besonderen physikalischen Struktur. Das läßt sich leicht an den damals vorherrschenden Theorien wie die der Balandinschen Multipletts [1] oder die der Taylorschen Aktivzentren [2] ablesen. Sie nahmen keinerlei Bezug auf die chemischen Eigenschaften.

Der entscheidende Durchbruch zu der Erkenntnis, daß für den geeigneten Katalysator zuallererst dessen elektronischer Aufbau, also seine chemischen Eigenschaften, wichtig sind, mußte noch erst erzielt werden. Prof. RIENÄCKER und seine Schüler [3] gehörten zu den ersten, die hier Wandel schafften. Es wurden ganz systematisch Legierungen untersucht, wie z. B. Cu-Ni, Cu-Pd, Cu-Pt, Ag-Pd oder Ni-Fe. Die Arbeitshypothese war, daß mit Legierungen am einfachsten eine schrittweise graduelle Veränderung am Katalysator erreichbar sei. Auch die Testreaktionen wie p-H_2-Umwandlung, Äthylenhydrierung oder Ameisensäurezersetzung waren bewußt so einfach wie möglich gehalten. Die Untersuchungen ergaben, daß nur bei einigen Legierungsreihen deutliche Aktivitätssprünge auftraten, obwohl eher ein kontinuierliches Verhalten erwartet wurde. Diese Sprünge traten immer in Legierungen zwischen VIII B und I B Metallen auf.

Unter Einbeziehung gerade zu der Zeit publizierter theoretischer Vorstellungen Dowdens konnte gezeigt werden, daß offenbar ein Zusammenhang zwischen der Besetzung des d-Bandes und der katalytischen Wirksamkeit besteht. Der Abfall der katalytischen Wirksamkeit trat etwa dann auf, wenn die d-Lücke geschlossen wurde [4].

Dieser zunächst als Hypothese formulierte Zusammenhang zwischen chemischen und katalytischen Eigenschaften hat sich später glänzend bestätigt. Heute ist allgemein anerkannt, daß die katalytische Wirksamkeit eines Metalles entscheidend an das Vorhandensein unbesetzter bzw. leicht besetzbarer d-Niveaus geknüpft ist. Sie erklärt auch die Tatsache, daß es gerade die Übergangsmetalle sind, bei denen mit Abstand die meisten katalytischen Effekte auftreten.

Über diesen chemischen Aspekt hinaus wurden auch Versuche über den Struktureinfluß in der Katalyse gemacht. Auch hier ging man auf einfachste Strukturmodelle zurück. Da sich bereits verschiedene Einkristallflächen des gleichen Metalls strukturell unterscheiden, wurde mit der Katalyse an Einkristallflächen begonnen.

Untersucht wurde die Katalyse an Cu, Ni und Ge-Einkristallen [5] zu einer Zeit, als auf diesem Gebiet noch so gut wie keine Erkenntnisse vorlagen. Es konnte gezeigt werden, daß z. B. beim NH_3-Zerfall am Cu zwischen einzelnen Kristallflächen Aktivitätsunterschiede von einer Größenordnung auftraten. Der Befund war wichtig. Er zeigte, daß allein die verschiedene Anordnung von chemisch gleichen Atomen eine unterschiedliche katalytische Wirksamkeit verursachen kann. Die Bedeutung eines Struktureffektes für den Katalysator war klar herausgearbeitet. Gleichzeitig zeigte sich aber auch die begrenzte Wirkung des Struktureffektes. Bei einigen Reaktionen fanden wir nur geringe, bei anderen Reaktionen sogar überhaupt keine Unterschiede zwischen Einkristallflächen.

Aus heutiger Sicht ist das ganz verständlich. In der Zwischenzeit ist von vielen Forschungsgruppen intensiv über katalytische Effekte an definierten Einkristallflächen sowie über Struktureffekte generell gearbeitet worden. Sie bestätigen vollauf, daß bestimmte Reaktionen an bestimmten Kristallflächen bevorzugt ablaufen. Hier wären vor allem die Ergebnisse Somorjais [6] anzuführen, wonach bestimmte Terassenstrukturen auf den Einkristallflächen, die sogenannten stepped surfaces, besonders aktiv sein können. Andererseits hat man die Erfahrung gemacht, daß das Auftreten eines Struktureffektes auch von der Reaktion selbst abhängt. Nach Boudart [7] unterscheidet man zwischen facil und demanding reactions. An den facil reactions sind nur Moleküle beteiligt, die keinerlei Anforderungen an die Katalysestruktur stellen. Mit ihnen kann man demzufolge auch keinen Struktureffekt beobachten. Nur Moleküle der demanding reactions stellen exakte Strukturanforderungen an den Katalysator, sind strukturempfindlich. Es ist noch anzumerken, daß die demanding reactions relativ selten sind. Unsere damals scheinbar widersprüchlichen Ergebnisse, daß wir bei einigen Reaktionen einen Kristallflächeneffekt fanden, bei anderen nicht, finden eine einfache Erklärung mit der jetzt bekannten Existenz von demanding und facil reactions.

Insgesamt kann man sagen, daß in den 50er und 60er Jahren im Katalyseinstitut Entwicklungen eingeleitet oder mitgeprägt wurden, die wesentlich zur Herausbildung eines fundierten und anerkannten Wissenschaftszweiges Katalyseforschung beigetragen haben.

Danach läßt sich der Beginn einer neuen Phase erkennen, die der mehr oder minder praxisorientierten Grundlagenforschung. Hier muß kurz auf die angewandte Katalysatorforschung eingegangen werden. Die ersten großtechnischen Entwicklungen, wie z. B. die NH_3-Synthese, liegen lange zurück, sie entstanden durch eine im wesentlichen empirisch arbeitende Katalyseforschung. Die wissenschaftliche Durchdringung des katalytischen Effektes setzte erst viel später ein. Sie führte zur Herausbildung eines eigenen Wissenschaftszweiges.

Das ermöglichte eine neue Entwicklung, die auch unser Institut erfaßte. Sie läßt sich durch ein quasi Zusammenwachsen von theoretischer Grundlagenforschung und empirischer Katalysatorentwicklung kennzeichnen. Insbesondere kann heute eine zielgerichtete angewandte Forschung ohne die Erkenntnisse und Methoden der Grundlagenforschung nicht mehr auskommen.

Die erste neue Aufgabe bestand darin, gemeinsam mit zwei Leuna-Kollegen den dort produzierten Tieftemperaturkonvertierungskontakt — kurz TTK — weiter zu entwickeln. Das Problem bestand in der zu geringen Standzeit des Katalysators von $1-1^1/_2$ Jahren und in seinem zu hohen Gewicht, d. h. pro Volumen war die Katalysatormasse groß, dessen Aktivität jedoch relativ klein.

Aus Patenten und anderen Publikationen ließ sich entnehmen, daß die Lebensdauer vor allem durch zwei Faktoren begrenzt wird, durch Katalysatorgifte sowie durch Sintern des Kupfers. Sorgfältige Analysen der Einsatzprodukte im PCK Schwedt und der dort nach der Desaktivierung ausgebauten Katalysatoren ergaben, daß der Gehalt an Katalysatorgiften wie Cl und S die tolerierbaren Mengen nicht überschritt.

So blieb die Untersuchung des Sinterverhaltens des Kupfers. Hier kam uns eine unlängst davor veröffentlichte Methode zur selektiven Bestimmung von Cu-Oberflächen zu Hilfe. Der TTK-Katalysator enthält nämlich außer Cu mindestens noch ZnO und zumeist noch weitere Metalloxide.

Mit der neuen Methode bestimmten wir die Cu-Oberfläche von frischen und von gebrauchten Katalysatoren. Heraus kam das überraschende Ergebnis, daß ein technisch verbrauchter Katalysator nur noch $^1/_{10}$ seiner ursprünglichen Cu-Oberfläche aufwies. Entsprechende katalytische Testungen ergaben, daß die katalytische Aktivität ebenfalls auf etwa $^1/_{10}$ abgesunken war. Damit war eine klare Kausalkette erkannt: Beim technischen Einsatz sintert die Aktivkomponente Cu. Die Oberfläche wird kleiner und entsprechend geht die Aktivität zurück.

Bei der Suche nach Katalysatoren mit erhöhter Sinterstabilität gingen wir von der Hypothese aus, die Anfangsdispersität des Cu durch Zusatz eines oberflächenreichen Oxides zu erhöhen. Nach einigem Suchen erwies sich Al_2O_3-Zusatz als aussichtsreich. Es muß jedoch gesagt werden, daß die Herstellungsmethode, d. h. die Art, in der das Al_2O_3 in den Mehrkomponentenkatalysator eingebracht wird, einen außerordentlich starken Einfluß auf die katalytische Wirksamkeit hat.

Durch den nach spezieller Methode erfolgten Zusatz an oberflächenreichem Al_2O_3 wurde dreierlei erreicht:

- die Dispersität des Cu wurde erhöht, das erhöhte die Anfangsaktivität;
- das stärker dispergierte Cu erwies sich als sinterfester, das erhöhte die Katalysatorstandzeit;
- das spezifisch leichte Al_2O_3 verringerte das spezifische Gewicht, das Schüttgewicht des Katalysators.

Die wissenschaftlichen Grundlagen wurden publiziert [8], das Herstellungsverfahren patentiert. Nach den erfolgreichen Laborversuchen wurden die Ergebnisse sehr schnell überführt. Bereits $1^1/_2$ Jahre nach Beginn des Forschungsthemas wurde im Leuna-Werk die Produktion des neuen Katalysators unter der Handelsbezeichnung K 1962 aufgenommen. Die erzielten Verbesserungen sind dem Leuna-Prospekt zu entnehmen. Im Vergleich mit dem zuvor produzierten K 1961 wurde die Anfangsaktivität um 50% gesteigert, die Standzeit erhöht und das Schüttgewicht um 30% gesenkt. Allein die Senkung des Schüttgewichts bringt eine beträchtliche Materialeinsparung. Das wird deutlich, wenn man bedenkt, daß dadurch bei einer Füllung einer modernen technischen Anlage bis zu 25 t Katalysator gespart werden können. Bereits im ersten Produktionsjahr wurde ein Nutzen von über 2 Millionen Mark erzielt.

Schließlich soll als weiteres Beispiel über das jetzt laufende Forschungsthema Multimetallkatalysatoren berichtet werden. Es handelt sich um Pt/Al_2O_3-Katalysatoren, denen andere Metalle als Promotoren zugesetzt werden. Diese Bi- oder Multimetallkatalysatoren sind jetzt in zweifacher Hinsicht aktuell geworden. Aus wissenschaftlicher Sicht bieten Metallmischungen, insbesondere bei sehr kleinen Partikeldurchmessern, d. h. bei den sogenannten Clustern, ganz auffällige katalytische Effekte, und zwar kann die Selektivität bei Kohlenwasserstoffumwandlungen stark verändert werden.

Gerade das macht sie technisch hochinteressant. Bekanntlich wird der größte Teil von Vergaserkraftstoffen nach dem Platforming-Verfahren gewonnen. Der Katalysator — Pt auf Al_2O_3 — konnte Ende der 60er Jahre durch Zumischen von Re weiterentwickelt werden. Seine Standzeit wurde verlängert. Pt-Re ist der erste großtechnisch eingesetzte Bimetallkontakt. Seither wird, wie man aus den Patentanmeldungen ablesen kann, nicht ohne Erfolg nach weiteren Metallzusätzen gesucht. Angestrebt werden Bimetallkontakte, die selektiv die Desaktivierung durch Verkokung herabsetzen und dadurch ein neues Verfahren bei tieferen Drücken ermöglichen. Derzeit muß man zur Zurückdrängung der Verkokung noch sehr hohe H_2-Drücke anwenden und man muß als Kompromiß die wegen der Druckerhöhung zwangsläufig verminderte Aromatenausbeute hinnehmen. Soviel zu den technischen Problemen, an denen international intensiv gearbeitet wird, die jedoch noch nicht als gelöst gelten können.

Wir haben für unsere Arbeiten Zusätze von Pb und Sn ausgewählt. Sie waren wenig untersucht, da sie als Katalysatorgifte gemieden wurden, doch tauchten sie in einer Reihe von Patenten auf. Zu Beginn befaßten wir uns mit der Herstellungsmethode des technischen, nur Pt enthaltenden Katalysators. Eine entscheidende Phase ist die Imprägnierung des Al_2O_3-Formlings mit H_2PtCl_6-Lösung. Wir fanden heraus, daß die Geschwindigkeit der Pt-Abscheidung und damit die Pt-Dispersität über die Acidität der Tränklösung gesteuert werden kann. Vereinfacht kann man sagen, je langsamer die Abscheidung, um so höher die Dispersität. Dieses jetzt patentierte Prinzip wandten unsere Partner im Leuna-Werk bei der Herstellung des neuen Pt-Reforming-Katalysators 8815-S an. [9] Dieser Katalysator zeichnet sich bei seinem ersten technischen Einsatz in einem Schwedter Reformer durch eine beträchtlich erhöhte Standzeit aus.

Danach wandten wir uns den Bimetallkontakten zu. Lassen sich überhaupt Bimetallverbindungen — Pt-Pb oder Pt-Sn — auf Al_2O_3 synthetisieren? Wenn man bedenkt, daß die Metalle nur etwa 1% der Al_2O_3-Oberfläche bedecken, so erschien es nicht sehr wahrscheinlich, daß das Pt und das Bimetall benachbart abgeschieden werden könnten. Wir gingen der Frage mit Hilfe der H_2-Adsorption und beim Sn auch mittels der Mößbauerspektroskopie nach. Mit beiden Methoden läßt sich eine chemische Wechselwirkung zwischen Pt und dem Bimetall nachweisen. Pt und Bimetall müssen also atomar benachbart sein. Diese gesteuerte Plazierung muß durch einen speziellen topochemischen Effekt erfolgen, über dessen Wirkungsweise wir bisher keine Einzelheiten wissen.

Für die katalytischen Untersuchungen der Bimetallkatalysatoren haben wir Modellreaktionen ausgewählt, die für den Reformingprozeß typisch sind. Bekanntlich müssen beim Reformieren die Naphthene dehydriert werden, während die Paraffine möglichst zu Aromaten dehydrocyclisiert werden sollen. Dabei verläuft die Dehydrierung viel leichter, d. h. schneller als die Dehydrocyclisierung und letztere Reaktion führt außerdem durch Koksbildung zu einer starken Desaktivierung des Katalysators. Die Dehydrocyclisierung ist daher die am schwierigsten zu beherrschende Reaktion des Reforming.

Als Modellreaktion für die Dehydrierung wählten wir die Dehydrierung von Cyclohexan, für die Dehydrocyclisierung die Umwandlung von n-Heptan. Die bisherigen Untersuchungen [10] zeigten, daß die Dehydrierung bei Temperaturen um 300 °C durch die Bimetalle inhibiert wird. Ein deutlich anderer Effekt zeigt sich bei der Dehydrocyclisierung, die wir bei 500 °C untersuchten. Der Gesamtumsatz fällt bei allen Katalysatoren mit der Reaktionszeit wegen der Koksabscheidung ab. Wesentliche Veränderungen treten jedoch bei der Selektivität auf. Bimetallzusätze erhöhen die Selektivität der Aromatisierung und senken die Spaltselektivität. Dadurch wird ein beträchtlich höherer Anteil an Aromaten erzeugt. Dieser Effekt ist sowohl wissenschaftlich interessant, weil hier eine starke Änderung der katalytischen Eigenschaften des Pt/Al_2O_3-Katalysators erzielt wurde, aber auch nicht minder technisch interessant, weil die Erhöhung der Aromatenausbeute der technischen Zielsetzung entspricht.

Welches sind die chemischen Veränderungen am Katalysator, die diese Selektivitätsänderung bewirken könnten? Wie schon erwähnt, zeigten die H_2-Adsorptionsmessungen, daß mindestens ein Teil des Pt mit dem Bimetall in chemische Wechselwirkung getreten ist. Auch die Mößbauerergebnisse [11] zeigen eine Wechselwirkung zwischen Pt und Sn. Wir schließen daraus, daß außer dem reinen metallischen Pt eine zweite Pt-Form gebildet wird, die wir als nichtmetallisches, komplexes Pt bezeichnen. Für die Bildung von nichtmetallischem Pt sprechen darüber hinaus auch UV-vis-Untersuchungen.

Entsprechend unserer Arbeitshypothese werden durch die Bildung von komplexem Pt diejenigen Aktivzentren ausgeschaltet, die für die hydrogenolytische Spaltung und für die Verkokung verantwortlich sind. Durch diese Inhibierung der störenden Nebenreaktionen steigt der Anteil der Hauptreaktion, der Dehydrocyclisierung.

Insgesamt können durch beide Bimetallzusätze wesentliche Verschiebungen der Selektivität erreicht werden. Das wirft für die Zukunft neue Fragen auf. So wissen wir bisher wenig über die chemischen und strukturellen Eigenschaften des komplexen Pt auf der Al_2O_3-Oberfläche. Es gibt zudem sicher eine Reihe anderer Metalle, die als Bi- bzw. Multimetallzusätze ebenfalls wirksam werden können. So muß man sagen, daß sich mit den Multimetallkatalysatoren ein Forschungsgebiet eröffnet hat, das speziell bei hochselektiven Umwandlungen von Kohlenwasserstoffen sicher noch eine Reihe lohnenswerter Ziele bietet.

Am Ende einer Kurz-Chronologie der Metallkatalysatoren sollen die ausgewählten Beispiele kurz zusammengefaßt werden.

Dies waren für die erste Entwicklungsphase die Legierungsarbeiten mit ihren theoretischen Beziehungen zum Elektronenaufbau und die Einkristallarbeiten. Sie stehen am Anfang einer Entwicklung, die von vielen anderen Forschungsinstituten fortgeführt und vertieft wurde. Heute ist dieses Gebiet ein grundlegender Bestandteil unseres Wissens über die Metallkatalyse geworden.

Für die zweite, mehr praxisbezogene Phase stehen die Arbeiten am TTK-Katalysator — ihre ökonomischen Auswirkungen liegen klar auf der Hand — und die derzeitigen Untersuchungen an Multimetallkatalysatoren. Letztere lassen erkennen, daß man die Selektivität des beinahe schon klassischen Pt-Katalysators deutlich verbessern kann und daß sich hier auch ökonomisch interessante Entwicklungen andeuten.

Literatur

[1] A. A. Balandin, Z. physik. Chem. B **2**, 289 (1929) und B **3**, 167 (1929).

[2] H. S. Taylor, Proc. Roy. Soc. (London) Ser. A **108**, 105 (1925).

[3] G. Rienäcker et al., Abh. dtsch. Akad. Wiss. Kl. Chem., Geol., Biol. **1955** Nr. 3, S. 32.

[4] G. Rienäcker und J. Völter, ibid. S. 36.

[5] J. Völter et al., Z. anorg. allg. Chem. **302**, 292 und 299 (1959), **322**, 212 (1963), **329**, 261 (9164), **360**, 300 (1968).

[6] G. A. Somorjai et al., J. Catal. **27**, 405 (1972).

[7] Siehe G. C. Bond, Heterogeneous Catalysis, Clarendon Press, Oxford 1974, S. 65.

[8] J. Völter, H. Berndt und G. Lietz, Chem. Techn. **28**, 606 (1976).

[9] J. Völter, H. Berndt, G. Lietz, K. Becker, H.-D. Neubauer et al., DDR-W P 125 758 (1976).

[10] G. Lietz, W. Franz, W. Walkov und J. Völter, Tagungsbericht X. Jahrestreffen der Katalytiker der DDR 1977, ZIPC, Berlin.

[11] H. Berndt, H. Mehner, J. Völter und W. Meisel, Z. anorg. allg. Chem. **429**, 47 (1977).

FSC
www.fsc.org
MIX
Papier | Fördert gute Waldnutzung
FSC® C083411

Zeitfracht Medien GmbH
Ferdinand-Jühlke-Straße 7
99095 Erfurt, Deutschland
produktsicherheit@kolibri360.de